今すぐ使える かんたんEx

Facebook【フェイスブック】
ページ
本気で稼げる！
Professional Reference for
Facebook Page 斎藤 哲［著］

プロ技セレクション

技術評論社

目次

第1章 「稼げるFacebookページ」の始め方

Facebookページの基本

Section 001 そもそもFacebookページとは?·················14
- Facebookページはビジネス利用に最適
- Facebookページと個人ページの違いとは?

Section 002 Facebookページのしくみとは?·················16
- 「いいね!」をもらってファンとつながる

Section 003 Facebookページで売り上げを上げるしくみとは?·············18
- 情報は取りにいく時代から流れて入ってくる時代へ
- 企業が消費者にメッセージを届けるには?
- Facebookページで売り上げを上げるということ

Section 004 Facebookページを運営する「目的」を考える·················22
- マーケティング上の課題を明確にする
- 目的を明確にすることの重要性

Section 005 「目的」から具体的な達成目標を決定する·················24
- 目標として「KGI」と「KPI」を決定する

Section 006 Facebookページの管理ルールを決定する·················26
- 運営に必要な作業とは?
- 開設までのタスクと運営ルールを定める
- Facebookの利用規約をチェックしておく

第2章 「稼げるFacebookページ」の作り方

初期設定

Section 007 Facebookページを作成するための流れ·················30
- 最初の一歩。個人アカウントを作成する
- Facebookページ制作の流れ

CONTENTS

Section 008　Facebookの個人アカウントを作成する……32
　　　　　　　　個人アカウントを作成する

Section 009　Facebookページの名前を事前に考える……34
　　　　　　　　ページ運営の目的から考える
　　　　　　　　ページ名の変更には条件がある

Section 010　Facebookページを作成する……36
　　　　　　　　Facebookページを作成する

Section 011　Facebookページの画面の見方……40
　　　　　　　　画面の見方を確認する

Section 012　Facebookページの公開・非公開を設定する……42
　　　　　　　　Facebookページを「非公開」にする
　　　　　　　　Facebookページを公開に切り替える

Section 013　Facebookページの基本データを設定する……44
　　　　　　　　基本データを設定する
　　　　　　　　基本データの入力項目には何がある？

Section 014　ユーザーネーム（URL）を設定する……46
　　　　　　　　ユーザーネームを考える
　　　　　　　　ユーザーネームを設定する

Section 015　Facebookページにスポット（地図）を追加する……50
　　　　　　　　スポット（地図）を追加する
　　　　　　　　スポット（地図）を変更する

Section 016　Facebookページの管理人を設定する……52
　　　　　　　　管理人を追加する
　　　　　　　　管理人の権限を変更する
　　　　　　　　管理人を削除する

Section 017　投稿欄とコメント欄の設定をする……56
　　　　　　　　ユーザーの投稿を制限する

Section 018　Facebookページを見せたい「ターゲット」を設定する……58
　　　　　　　　ターゲットとは？
　　　　　　　　ページの優先オーディエンスを設定する

Section 019　魅力的なカバー写真を設定する……60
　　　　　　　　カバー写真が果たす役割
　　　　　　　　カバー写真を設定する

| Section 020 | プロフィール写真を設定する | 62 |

プロフィール写真が果たす役割
プロフィール写真を設定する

| Section 021 | コールトゥーアクションを作成する | 64 |

「コールトゥーアクション」ボタンとは?
「コールトゥーアクション」ボタンを作成する

| Section 022 | 会社の大事な出来事を投稿する | 66 |

大事な出来事を投稿する

第3章 確実におさえる！Facebookページの投稿機能

基本テクニック

| Section 023 | 投稿機能には何がある? | 68 |

投稿にはさまざまな「形」がある
投稿に付加できる情報

| Section 024 | ステータスを投稿する | 70 |

文章を投稿する
位置情報を付けて投稿する

| Section 025 | 写真を投稿する | 72 |

写真を投稿する
投稿した内容を編集する

| Section 026 | 複数の写真を投稿する | 74 |

複数の写真を投稿する方法
写真アルバムを作成する

| Section 027 | アルバムの表示順を変更する | 76 |

アルバムの表示順を変更する

| Section 028 | 写真にタグや位置情報を追加する | 78 |

写真の人物をタグ付けする
写真に位置情報を追加する

CONTENTS

Section 029 動画を投稿する……………………………………………………80
　　　　　　　パソコン内の動画を投稿する
　　　　　　　YouTubeの動画を投稿する

Section 030 Webページを投稿する………………………………………………82
　　　　　　　Webページ投稿の表示のされ方
　　　　　　　Webページを投稿する
　　　　　　　Webページの説明を編集する
　　　　　　　写真カルーセル表示にする

Section 031 コメントに返事をする………………………………………………86
　　　　　　　コメントに返信する
　　　　　　　投稿されたコメントを編集する

Section 032 メッセージに返信する………………………………………………88
　　　　　　　メッセージに返信する
　　　　　　　受信したメッセージを管理する

Section 033 日付を指定して予約投稿する………………………………………90
　　　　　　　日時を指定して投稿する
　　　　　　　予約投稿の内容を確認・修正する

Section 034 ノートを投稿する……………………………………………………92
　　　　　　　ノートを投稿する

第4章　顧客と直接つながる！Facebookページへ「いいね！」をもらう方法

ファンの獲得

Section 035 「いいね！」をもらうことでファンに情報を直接発信できる……94
　　　　　　　「いいね！」をもらうということ
　　　　　　　ニュースフィードに投稿が流れることの利点
　　　　　　　見込み客やリピート客をファンにするには?
　　　　　　　ファンを顧客にするには?

Section 036 Facebookページの「ターゲット」を明確にする……………98
全員がターゲット＝誰にも届かない
実際の顧客からターゲットを考える
ペルソナを作りイメージを深める
ターゲットをFacebookページのファンにする

Section 037 実店舗の客に「いいね！」をもらうためには？…………………102
来店した顧客にFacebookページをおすすめする
QRコードを作成する

Section 038 ブログなどにFacebookページへの入口を作成する………104
ブログなどの読者に「いいね！」をもらう
ソーシャルプラグインとは？
「ページプラグイン」を設置する

Section 039 メルマガでFacebookページを宣伝する……………………108
来店した顧客のデータがある場合
定期的にメールで情報を提供する

Section 040 新規ファンを獲得するためには？……………………………110
SNSのファンは自然に増える？
新規見込み客を集めるFacebook広告

COLUMN Facebookページと個人アカウントの使い分け……………112

第5章 顧客に情報を発信する！利益につなげる記事の投稿方法

投稿のコツ

Section 041 投稿の「狙い」を意識する………………………………………114
商品を購入するまでに顧客は何を考えているのか
それぞれの投稿には「狙い」を持つ

Section 042 投稿の目的を知る①「ファンを顧客にする」………………116
常に忘れられない存在でいる
購入をうながす投稿を行う

CONTENTS

Section 043 投稿の目的を知る② 「ファンとつながり続ける」 ………… 118
　　なぜこの商品を買ったのだろう?
　　親近感を持ってもらうことが必要

Section 044 記事表示の有無を決める「エッジランク」とは? ………… 120
　　すべてのファンに投稿が届くわけではない
　　エッジランクとは?
　　ネガティブフィードバックにも注意する

Section 045 エッジランクを上げるための投稿方針 ………… 124
　　ファンから反応をもらう投稿を作る4つのポイント

Section 046 特定の属性のファンに投稿を届ける ………… 126
　　誰がターゲットなのか?
　　特定の属性の人にだけ投稿を届ける

Section 047 記事は毎日投稿する ………… 128
　　なぜ毎日投稿しなければいけないのか?
　　毎日投稿するコツ

写真付き投稿のコツ

Section 048 印象的な写真でユーザーの目を奪う ………… 130
　　印象的な写真とは?
　　写真を例に「印象的」を具体化する
　　3つの撮影テクニック
　　スマートフォンの指を止めることを意識する

Section 049 感情を揺さぶる写真を付けて親近感を出す ………… 134
　　投稿の反応が上がる6つの感情
　　中で働く人を出して共感を誘う

Section 050 写真の表示順にこだわって印象をアップする ………… 136
　　写真を複数枚投稿するメリット
　　写真の表示順でストーリーを作る

Section 051 季節感を出した記事にする ………… 138
　　親近感を増すための投稿
　　事前準備が重要

| Section 052 | スマートフォンユーザーを意識して記事を作る | 140 |

スマートフォンユーザーを意識して記事を作る
投稿する内容は?

シェアの活用

| Section 053 | 「シェア」のしくみと効果とは? | 142 |

シェアのしくみを理解する
シェアされることで起きる3つの効果

| Section 054 | 自社のブログ記事をFacebookページでシェアする | 144 |

ブログとFacebookページを連携させるメリット
Facebookページからブログへ誘導するために

| Section 055 | 個人アカウントと連携して記事を広める | 146 |

個人アカウントで身近な人に記事を広める
個人アカウントでシェアをするときの注意点

外部サイトとの連携

| Section 056 | ブログの記事やWebページに「いいね!」ボタンを付ける | 148 |

「いいね!」ボタンとは?
「いいね!」ボタンを設置する
無料ブログサービスの「いいね!」ボタン
ドメインインサイトで効果測定を行う

| Section 057 | 「いいね!」の効果を最大化するブログ&ホームページ設定 | 152 |

OGPとは?
OGPを設定する

イベントを活用

| Section 058 | イベント開催でファンとの親密度を上げる | 154 |

Facebookページでイベントを開催する
イベントを成功させるために考えるべきこと

| Section 059 | イベントを作成する | 156 |

Facebookページでイベントを作成する

| Section 060 | イベントを告知し、集客していくために | 158 |

イベントに集客するには?
イベントソーシャルネットワークサービスを使ってみる

CONTENTS

第6章 効率的に売り上げをアップ！投稿&顧客の分析

分析

Section 061 分析の目的を知る「投稿の結果を検証する」……………… 162
　投稿の結果を検証する
　Facebookページの投稿は2つの観点で分析する

Section 062 Facebookページの分析ツール「インサイト」……………… 164
　インサイトとは？
　「インサイト」分析画面の見方

Section 063 売り上げにつながるユーザーを「エンゲージメント率」で知る… 166
　エンゲージメント率とは？
　エンゲージメント率はなぜ重要なのか

Section 064 インサイトで投稿のデータを確認する……………… 168
　インサイトの「投稿」画面を表示する
　「投稿」画面に表示されるデータ

Section 065 インサイトで個別の投稿のデータを確認する……………… 172
　個別の投稿のデータを表示する
　データをエクスポートしてさらに深く知る

Section 066 インサイトでそのほかのデータを確認する……………… 176
　インサイトで確認できるそのほかのデータ
　「いいね！」画面に表示されるデータ
　「リーチ」画面に表示されるデータ
　「ページビュー」画面に表示されるデータ
　「利用者」画面に表示されるデータ

Section 067 反応のよい投稿の「種類」を見極める……………… 182
　反応のよい投稿の「傾向」を分析する
　反応のよい投稿の「タイミング」を予測する
　競合ページの人気投稿を参考にする

Section 068 ネガティブフィードバックを見逃さない……………… 186
　ネガティブフィードバックの問題点
　ネガティブフィードバックの原因を考える

| Section 069 | 投稿を「狙い」ごとに区別して分析する | 188 |

投稿の「狙い」と「いいね!」の関係
「狙い」ごとに区別して分析する

| Section 070 | なぜ「いいね!」が付いたのかを分析する | 190 |

「いいね!」が付いた要因を分析する

| Section 071 | 投稿の結果を比較して精度を上げる | 192 |

投稿の結果を比較するためには計画が重要
検証のタイミングとポイント

| Section 072 | 疎遠になったファンにアプローチするには? | 194 |

疎遠になったファンにアプローチする

第7章 さらなる顧客の獲得を狙う！Facebook広告の活用法

Facebook広告

| Section 073 | Facebook広告で新規顧客の獲得を狙う | 196 |

Facebook広告とは?
Facebook広告の3つの特徴

| Section 074 | 広告の目的を明確にする | 198 |

「新規売り上げ」と「リピート売り上げ」のどちらを狙うか

| Section 075 | Facebook広告の種類 | 200 |

13種類のFacebook広告

| Section 076 | 広告出稿の準備をする | 206 |

出稿内容を決めておく

| Section 077 | Facebook広告を出稿する | 208 |

Facebook広告の出稿方法

| Section 078 | Facebook広告を表示するターゲットを決める | 210 |

ターゲットを設定する
カスタムオーディエンスで顧客をピンポイントに狙う

CONTENTS

Section 079 Facebook広告の金額や期間を決める ……………… 216
広告の金額や期間を決める
そのほかの設定項目

Section 080 Facebook広告を配置する位置を決める ……………… 218
3つの広告掲載位置
広告の掲載位置を設定する

Section 081 Facebook広告の画像やテキストを決める ……………… 220
Facebook広告の素材について
画像を設定する
スライドショーを設定する
動画を設定する
広告に表示されるテキストを設定する

Section 082 広告の成果を確認する ……………… 224
広告の成果を振り返り、改善する
広告マネージャのしくみを理解する
広告マネージャで成果を確認する
「広告」の素材を変更する
「広告セット」の予算や期間を変更する

Section 083 カスタムオーディエンスを最大限活用する ……………… 230
着実に売り上げを上げるために

Section 084 実際の顧客データから新規見込み客を絞り出す ……………… 232
新規売り上げを作り出す類似オーディエンスとは?

COLUMN ビジネスマネージャとは? ……………… 234

第8章 Facebookページで困ったときのQ&A

Q&A

Section 085 スマホでFacebookページに投稿したい! ……………… 236
Facebookページマネージャをダウンロードする
Facebookページに投稿する

| Section 086 | スマホでFacebookページを管理したい！ | 238 |

Facebookページマネージャでできること

| Section 087 | 誹謗・中傷に対応するには？ | 240 |

ユーザーをブロックする

| Section 088 | 「お知らせ」機能の設定をしたい！ | 242 |

「お知らせ」機能とは？
「お知らせ」機能の設定を変更する

| Section 089 | パスワードを忘れてしまった！ | 244 |

パスワードを再発行する
パスワードを変更する

| Section 090 | Facebookページを削除したい！ | 246 |

Facebookページを削除する

用語集 ………………………………………………………………… 248
索引 …………………………………………………………………… 252

ご注意：ご購入・ご利用の前に必ずお読みください

- 本書に記載された内容は、情報の提供のみを目的としています。したがって、本書を用いた運用は、必ずお客様自身の責任と判断によって行ってください。これらの情報の運用の結果について、技術評論社および著者はいかなる責任も負いません。
- ソフトウェアに関する記述は、特に断りのない限り、2016年8月現在での最新バージョンをもとにしています。ソフトウェアはバージョンアップされる場合があり、本書での説明とは機能内容や画面図などが異なってしまうこともあり得ます。あらかじめご了承ください。
- インターネットの情報については、URLや画面などが変更されている可能性があります。ご注意ください。

以上の注意事項をご承諾いただいた上で、本書をご利用願います。これらの注意事項をお読みいただかずに、お問い合わせいただいても、技術評論社は対応しかねます。あらかじめご承知おきください。

■本書に掲載した会社名、プログラム名、システム名などは、米国およびその他の国における登録商標または商標です。本文中では™マーク、®マークは明記しておりません。

第1章
「稼げるFacebookページ」の始め方

Section 001	そもそもFacebookページとは？
Section 002	Facebookページのしくみとは？
Section 003	Facebookページで売り上げを上げるしくみとは？
Section 004	Facebookページを運営する「目的」を考える
Section 005	「目的」から具体的な達成目標を決定する
Section 006	Facebookページの管理ルールを決定する

Section 001 Facebookページの基本

第1章 「稼げるFacebookページ」の始め方

そもそもFacebookページとは？

Facebookページは、Facebook内でお店や企業、団体が利用できるホームページのようなものです。特別なスキルがなくても、かんたんにユーザーに対して情報発信できる便利なしくみです。

Facebookページはビジネス利用に最適

Facebook（https://www.facebook.com/）には、「個人のアカウント」と「企業・団体用のアカウント（＝Facebookページ）」という2種類があります。

個人のアカウントは、主に、実際の友人とのプライベートの交流を図るものです。基本的に、営利目的で利用してはいけないアカウントです。

一方、**Facebookページ**は企業活動の一環として、既存の顧客に対して情報発信をしたり、新たな見込み客を発掘し、メッセージを送ったりすることができます。

世の中は情報にあふれています。そのような時代の中で、企業からのメッセージを覚えてもらうことは至難の業です。Facebookページを運営することによって、**顧客に情報を流し続けること、その情報を受け取り記憶の中に企業名を覚えてもらうことが可能**になります。

◀ 個人アカウントのページです。主に、実際の友人との交流に使用します。

◀ 企業アカウントのページ（Facebookページ）です。お店や企業による情報発信に使用します。

Facebookページと個人ページの違いとは？

　FacebookページとLINEのアカウントでは、機能的にも多くの違いがあります。Facebookページは企業がマーケティング活動に利用できるように設計されているので、個人のアカウントでは使えない機能があります。反対に、**「個人へのアプローチができない」**というような、個人のアカウントでは許されているのに、Facebookページでは利用できない機能もあります。これは、Facebookページ（企業）が無制限に個人アカウントに対してアプローチできるようになると、個人のアカウントにとって、FacebookというSNS自体が非常に居心地の悪い場所になる可能性があるために設けられたものです。

▼ Facebookページと個人アカウントの機能の違い

	Facebookページ	個人アカウント
管理人	複数（権限設定あり）	1人
友達（ファン数）上限	無制限	5,000人
広告	○	×
インサイト	○	×
個人へのアプローチ	×（ユーザーからメッセージを受けた場合に限り、メッセージ返信可能）	タイムラインへの書き込み メッセージ送信
アカウント作成	無制限	1つ

　「広告」と「インサイト」はFacebookページでないと利用できない機能です。「広告」は新たなファン獲得のために重要な機能で、「インサイト」は投稿の反応を知るために運営上、必須の機能です。これらを駆使してFacebookページを運営し、新規の顧客を獲得していきましょう。

　なお、個人のアカウントを使用して企業活動を行うなど、**自分自身以外を表す使い方をすることはFacebookの利用規約に違反します**。もし、現時点でそのような利用をしている場合、Facebookページに変更しないと、そのアカウントに永久にアクセスできなくなることがあるので、ご注意ください。

 ### Facebookページの「いいね！」には2種類ある

Facebookには、Facebookページに対して「いいね！」をする行為と、投稿に対して「いいね！」を押す行為の2種類があります。本書では、Facebookページに対して「いいね！」を押すことを「ファンになる」といい、投稿に対して「いいね！」をする行為と区別して解説していきます。

第1章 「稼げるFacebookページ」の始め方

Section 002

Facebookページの基本

Facebookページの しくみとは?

Facebookページは、個人のアカウントからページに「いいね!」を押してくれた人に向けて投稿が発信できるようになります。つまり、「いいね!」を押してもらうところからすべてが始まるのです。

「いいね!」をもらってファンとつながる

Facebookページを使って売り上げを上げていくためには、情報を定期的に発信するだけでなく、その情報を届ける相手と直接つながる必要があります。メールマガジンであれば、メルマガ会員になってもらう、Webサイトであれば検索エンジン対策を行うということを考えなければいけません。同様に、Facebookページの場合は、まず自分のページに「いいね!」を押してもらう必要があるのです（「いいね!」を集める手法は第4章で紹介します）。

▲ Facebookページの「いいね!」ボタンです。

ファンに「いいね!」を押してもらうことによって、新商品に関する情報をいち早くお知らせすることができたり、企業やサービスの裏話などを提供したりすることが可能になります。また、Facebookページのファン限定のイベントやキャンペーンなどを企画することで、より深い関係性を作り上げることも可能です。

▲ ニュースフィードでは、友達の投稿の間に企業ページの投稿が表示されます。

◎Facebookページの投稿はニュースフィードで確認

　Facebook を利用しているほとんどのユーザーは、自分のニュースフィードをチェックします。Facebook ページを作成すると、ファンは、「そのページに来訪して投稿を読むものだ」と思われる方も多いと思います。これは、従来の Web サイトでは、「来訪したユーザーに対してコンテンツを見せる」という感覚があるので仕方がありません。しかし、Facebook ページのファンは、皆さんが作成したFacebookページに訪れることはほとんどありません。皆さんの投稿は、ファンそれぞれが自分のニュースフィード上で確認し、そこで「いいね！」を押したり、コメントをしてくれるのです。

　そして、ニュースフィードで流れている投稿は、そのファンと親しい友達の投稿で埋め尽くされています。その中で、皆さんのページの投稿が流れることになるので、いかにファンの興味をひく投稿ができるのかがポイントになってくるのです。

◎単なる情報発信ツールではなくコミュニケーションも重要

　日頃、消費者からの声を聞く機会がない企業も多いと思います。そういった状況において、Facebook ページの投稿に付くファンからのコメントは、消費者からの貴重な声です。ファンからのコメントが付いたら、真摯に受け止め、しっかりとコメントを返しましょう。

個人のアカウントとつながるのは「いいね！」だけ

Facebook ページから個人のアカウントに対して「友達申請」をしたり、ウォールに書き込みをすることはできません。Facebook ページで個人のアカウントとつながるには、個人のアカウントのほうから「いいね！」を押すという形でアプローチしてもらうしかありません。

Section 003

第1章 「稼げるFacebookページ」の始め方

Facebookページで売り上げを上げるしくみとは？

●Facebookページの基本

Facebookページを利用して売り上げを上げるには、消費者に情報を伝える必要があります。ここでは、消費者に伝えたい情報を届けるのに便利な機能「ニュースフィード」のしくみと活用法を紹介します。

▶ 情報は取りにいく時代から流れて入ってくる時代へ

　平成21年度の総務省の調査によると、平成13年の情報量と平成21年の情報量を比較すると、約2倍に増加しているというデータがあります。

　インターネットの発展に続き、ブログの普及、そしてSNSの普及により、**世の中に飛び交う情報量は格段に多く**なってきました。皆さんも朝起きてから、多くの広告を目にし、インターネットで情報をチェックし、SNSで友人の近況などをチェックしているのではないでしょうか。

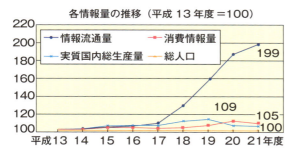

◀ 情報量の推移を表す、総務省の調査データです。

※我が国の情報通信市場の実態と情報流通量の計量 に関する調査研究結果（平成21年度）―情報流通インデックスの計量―：http://www.soumu.go.jp/main_content/000124276.pdf

○ SNSの登場で情報の扱い方が変わった

　SNSの出現によってWeb上での情報取得の流れが変わりました。以前はポータルサイトからリンクを辿ったり、検索エンジンを使って情報を探しにいくのが当たり前でしたが、多くのSNSでは、自分とつながりをもった投稿がニュースフィードなどに次から次へと流れてきます。**情報を探しにいくのではなく、受動的に流れてくるようになった**のです。

◎SNSの情報には「重み」が付いている

　たくさんの情報が自動的に流れてくるようになったといっても、大半のSNSのユーザーは流れてくるすべての情報を一切の漏れなく閲覧しているわけではありません。いくら自分とのつながりを持った情報が流れてくるといっても、興味がないものは見ないでしょう。多くのユーザーは、さまざまな情報が流れてくる中で、**とくに興味のある情報や有益と思しき情報のみをすばやく仕分けて閲覧**しています。

　つまり、SNSで流れてくる情報には**「重み」**が付いているのです。投稿をした友達の意見や推薦度といったものが、それぞれの情報に対する「重み」となります。

・「あいつはとってもグルメだ」
・「彼女は子供が3人もいるから子育てに詳しそう」

　よく知っている友達がシェアしている投稿は、その友達のバックグラウンドが頭の中でよぎったうえで投稿を見ているので、自然とさまざまな「重み」を加えられています。そのため、検索エンジンなどで表示される見知らぬ誰かが投稿した情報よりも、身近に感じてもらうことができるのです。

企業が消費者にメッセージを届けるには？

　さて、このように次から次へと情報が流れてくる新しい情報時代の中で、企業が消費者にメッセージを届けるのが非常に難しくなってきました。大量の情報があふれている時代の中で、消費者の目に留まるにはどうしたらよいのでしょうか？

　そのヒントが、ニュースフィードにあります。前述の通り、Facebook のニュースフィードは、自分と何らかのつながりがある情報が流れています。だからこそ、皆さん興味を持って見ているのです。つまり、**企業は消費者が求めている情報を、消費者のニュースフィードにうまく流すことができればよい**のです。

◀ 消費者が求めている情報を流すことがポイントです。

Facebookページで売り上げを上げるということ

　Facebook社は、今後のマーケティングに必要なのは**「Always On」**という考え方であると提言しています。つまり、消費者に忘れられてしまわないためには、常に消費者と接している必要があるということです。

　「Always on」をFacebookページで考えると、日々Facebookページへの投稿を続け、**ファンである消費者との接点を持ち続けることで、購入のニーズが高まったときにファンに思い出してもらうような状態を作ること、**になります。この状態を維持することこそが、Facebookページで売り上げを上げることになるわけです。

　その第一歩は、消費者がFacebookページのファンになってくれるところから始まります。ファンになってもらうことができれば、投稿を消費者のニュースフィードに流すことができ、そして、投稿すればした分だけ、ファンとの接点を多く作ることができます。

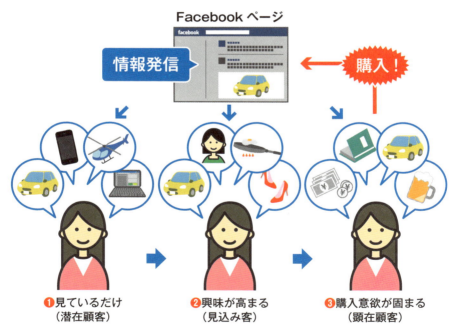

▲ 日々、新しい情報と接する現代人には、常に接点を持ち続けてもらわないとすぐに忘れ去られてしまいます。忘れられない状態を作り、ニーズが高まったときに第一想起してもらえる状況を作っておくことが大切です。

◎潜在層とつながることが新しい売り上げを作る

「今すぐ○○がほしい」という人は、SNS上で自分のほしいものを探そうとはしません。検索エンジンを利用したり、楽天市場やamazonなどのショッピングサイトに訪問し、その中でほしいものを探します。

Facebookページは、**ニーズが顕在化するよりも少し前のステージの消費者にアプローチするには最適なツール**です。「今すぐ必要じゃないけど、ちょっと情報を集めておこうかな」という消費者をイメージするとよいかもしれません。今までは、そのような潜在層に対して定期的に情報発信をするのは非常に難しかったと思いますが、潜在層の人たちをファンにして、情報発信をすることができれば、気持ちや態度を変えることもできます。

> 「そろそろ、○○を買おうかな。Facebookページでファンになっている、あのお店で」

このように、ニーズが顕在化したときに、ほかのお店に行かせないような関係性を作ることが新規顧客を獲得することにつながっていくのです。

◎一度来店・購入した顧客をリピート客にする

一度、来店・購入されたお客様（顧客）に対して、どのようなアプローチができていますか？顧客になってくれた方は、一度はあなたの商品・サービスに興味を持ち、検討したうえでお金まで支払ってくれた人たちです。こういった方々に再来店していただくということは、**新規の顧客にご来店いただくよりはハードルが低いはず**です。

よく、メールマガジンに登録をうながすようなメッセージを見かけることがありますが、顧客としても「何か売り込まれるのではないか」という警戒心から、かんたんには登録してもらうことができないと思います。

しかし、Facebookページの場合はどうでしょうか？店頭で『「いいね！」を押してください』というメッセージとともに、「ファンになってくれた方にお得な特典があります」というメッセージが入っていれば、**気軽に「いいね！」を押してくれるはずです**。このような気軽さが、Facebookページの1つの利点といえるでしょう。

そのようにして、顧客と「Always On」の関係性を作り、あなたのお店のことをすぐに思い出してくれる状態を作ることは非常に重要です。

Section 004

第 1 章 「稼げる Facebook ページ」の始め方

Facebookページを運営する「目的」を考える

●Facebookページの基本

Facebookページを運営する場合、まずは自社のマーケティング上の課題を明確にしておく必要があります。そのうえで、どのように課題を解決していくのかを考えましょう。

マーケティング上の課題を明確にする

皆さんの商材が何であれ、きっとさまざまな課題があると思います。そういった**課題を、どのようにしてFacebookページの運営でカバーできるのかを考えていきましょう**。

主要な、マーケティング上の課題を挙げてみます。

- まだまだサービス、会社、店舗の認知度が低い
- Webサイトに集客できない
- 商品・サービスをちゃんと理解してもらえない
- 来店数が少ない
- 顧客が何を求めているのかわからない

上記のほかにも、さまざまな課題があると思いますが、**Facebookページをうまく運営することができれば、これらの課題を解決することは可能です**。また、ほかの競合企業や同業他社のFacebookページを見て、どのような目的で運営をしているのかをチェックしてから、自分たちの目的を定めていってもよいでしょう。

Facebook navi
▶URL http://f-navigation.jp/

◀ Facebook naviは、Facebook公認のナビゲーションサイトです。Facebook naviでほかの人気ページの運営をチェックしてみましょう。どのような投稿をしているか確認すれば、ページ運営のヒントをつかむことができます。

目的を明確にすることの重要性

　Facebookページの運営に限らず、**ビジネスをしていくうえで「目的」を明確にしておくことは非常に重要です**。何かを始めるときには、**どういった目的で、何を達成させたいのかという目標を明確に設定しましょう**。ここでは、Facebookページの運営において、目的を明確にすることが重要である理由を3つ紹介します。

❷ 運営のモチベーションになる

　Facebookページを始めるにあたり、**何を達成させたいのかというゴールを設定**しましょう。どこまで数値を伸ばせば成功といえるのかを明確にすることで、Facebookページ運営に緊張感が出ると同時に達成感を味わうことができます。これは、運営のモチベーションになります。ゴールが決まっていないFacebookページは、更新頻度などの運営ルールを決めることもできません。そうなると、運営をだらだらと続けることになり、うやむやのうちに更新が止まってしまいます。

❷ 目指すべき方向を運営者間で共有できる

　Facebookページの運営は、一人ではなかなかできません。複数人のチームなどで運営していることが多いと思います。そういった場合、携わっている運営者全員の間で目指す方向性がまちまちだと、投稿にも一貫性が持てずに運営がうまくいきません。目的が決まっていれば、**運営者間での共通認識も保たれるため、目的に沿った一貫性のある運営ができる**はずです。また、通常の運営者以外の人にFacebookページに関する何かを依頼するときにも、目的を明確にしておくことでスムーズに協力してもらいやすくなります。

❷ ターゲットを明確にすることで戦略を立てられる

　Facebookページを運営する目的を明確にすることで、**誰に対して投稿を届けるのか**が決まってきます。ターゲットが不明確だと、どのような投稿をすればよいのか検討するにも、判断基準が曖昧になってしまいます。明確なターゲットを定め、そのターゲットをイメージしながらFacebookページを運営していくことで、投稿に一貫性を持たせゴールへとつなげる戦略を立てやすくなります。

　まずは、Facebookページを運営する目的を明確にして、設定したゴールに向けてしっかりと運営していきましょう。

Section 005　第1章 「稼げるFacebookページ」の始め方

「目的」から具体的な達成目標を決定する

●Facebookページの基本

目的が決まったら、それを実現するために具体的な目標を決める必要があります。日々、運営する中で何を目指せばいいのかを運営するスタッフ全員が共有できるようにしておきましょう。

目標として「KGI」と「KPI」を決定する

　Facebookページの運営というのは、**日々の投稿が主な活動になります**。明確な目標を持ってないと、日々投稿すること自体が目的・目標になってしまい、何のために運営しているのかを見失ってしまう方が非常に多くなっています。そうならないためにも、目的と目標の設定は非常に重要です。

　そして、目的が決まったら、その目的を実現するために具体的な目標を設定することで日々の運営状態を確認する必要があります。

　目標には、**KGI（Key Goal Indicator）**と**KPI（Key Performance Indicator）**の2種類を設定するとよいでしょう。

　KGIとは重要達成指標のことで、**Facebookページを運営することで経営にどのようなインパクトを与えることができる**のか、つまり最終的な運営の目標数値のことです。また、その中間指標的な意味合いでKPIというものを設定することも重要です。

　KGIを達成するためには、KPIを必達するという考え方で運営に取り組んでいくとよいでしょう。

●FacebookページにおけるKPI

　具体的にFacebookページのKPIにはどのような数値を設定すればよいのでしょうか？ KPIとして設定される数値には以下のようなものがあります。

・ファン数
・投稿の「いいね！」数
・リーチ数
・投稿の反応率
・エンゲージメント率

投稿の反応率とは、投稿のリーチ（投稿を見られた数）に対して、「いいね！」やコメント、シェアをした人の割合を示すものです。この数値は、投稿がどれだけの人に受け入れられているのかを示す数値になるので、非常に重要です。また、エンゲージメント率とは、ファン数に対して、「いいね！」やコメント、シェアをした人の割合を示すものです。投稿を届けることができる人に対しての反応を見ることができるものなので、**実際に売り上げにつなげられる潜在層がどれくらいいるのかを把握するには重要な数値**となります。

❷ 設定すべきKGIとKPIの例

たとえば、「Facebookページを見て1か月に10人が来店する」という数値をKGIに設定したとしましょう。その際に必要なKPIはいったい、どのように設定すればよいのでしょうか？

まず、10人の来店をうながすためには、何人の人が投稿を見てくれたら来店につながるかを考えます。仮に1投稿につき500リーチ（500人に投稿を見られること）が必要とし、これをKPIとします。次に、コンスタントに500リーチを達成するためには、何人のファンが必要になってくるのかを考えます。ここでは、1,000人のファンが必要だと仮に設定します。このように、KPIの設定は下記のステップで考えられます。なお実際の数値は、運営しながら自分たちのお店の適切な数値を設定していきましょう。

1. アクション（来店など）してもらいたいユーザーの数を設定する
2. アクションをうながす投稿のリーチ数を設定する
3. 上記リーチを達成するためのファン数を設定する

MEMO　Facebookページの規模と運営状態のバランスが重要

売り上げにつながるページ運営ができているかどうかは、規模×運営状態で決まります。ページの規模が大きいだけでは売り上げにつながりませんし、運営状態がよくてもページの規模が小さければ売り上げにはつながりません。KPIの数値は、ページの規模を知るためのものと運営の状態を知るためのものに分けられます。この両方を意識し、ページ運営に役立てましょう。

ファン数
リーチ数など

ページの規模を知るKPI

エンゲージメント率
投稿のいいね！数など

運営の状態を知るKPI

第1章 「稼げるFacebookページ」の始め方

Section 006

Facebookページの管理ルールを決定する

● Facebookページの基本

Facebookページを運営する場合、そのための運営・管理のルールはあらかじめ決めておくようにしましょう。とくに、複数のメンバーで運営する場合には必須となります。

▶ 運営に必要な作業とは？

　Facebookページを運営するうえでは、まず運営体制を整える必要があります。そのためにはまず、**運営上、どのような作業が発生するのかを確認・整理し、それを実現するための体制を検討**していきます。

❷ 運営責任者の決定

　目的・目標を達成するために、Facebookページ運営という社内プロジェクトの責任者を明確にしておきましょう。**運営責任者の大きなタスクの1つに社内におけるさまざまな施策との連携を考えること**があります。新製品の発表、イベントの開催などマーケティング活動以外でも社内の活動は数多くあると思いますが、それらの情報・スケジュールを正確に把握し、いつ、どのように投稿をしていくのかをイメージしておく必要があります。

❷ 投稿コンテンツ制作

　Facebookページを運営するうえでもっとも重要なことが投稿コンテンツの制作です。投稿コンテンツ制作には、単に制作するだけでなく、投稿ネタをどのように集めるのかを考え、実際に社内にアクションをしていくことも含まれます。たとえば、週に1回、定例ミーティングを開催し、ほかのメンバーから投稿ネタを募ったり、各セクションに投稿ネタの募集をする告知メールを出したりしている会社もあります。**より多くのファンから反応してもらえるようなネタを考え、集めるということ**がこの作業の肝になります。

❷ 広告運用

　ファンを集めるために広告の出稿は必須といえます。Facebook広告は、かんたんに広告文や画像などを変更することができます。そのため、**日々の効果を確認しながら最適な広告に調整していくことが費用対効果を上げるポイント**になります。

26

◉効果分析

　投稿にしても、広告にしても、アクションを実施するだけではいけません。必ず、実施後の効果検証をして、次策を考えることが必要です。Facebookページには、そういった**効果検証に役立つデータが豊富**に蓄積されています。

開設までのタスクと運営ルールを定める

　Facebookページの運営が決まったら、**まずは、ページ開設予定日を決めましょう**。そのうえで、開設までに決めなければいけないことを洗い出し、スケジューリングしていく必要があります。とくに、社内の体制や投稿ネタの収集ルールは、あらかじめ決めておくと運営がスムーズになります。また、Facebookページの開設後、どのように運営をしていくのかも事前に決めておくとよいでしょう。**どのくらいの頻度で投稿していくのか、投稿ネタはどのように集めて、誰の承認を得ればよいのか**。また、ファンからコメントが書き込まれたときの対応フローなど、**いざとなったときのルールを決めておく**と運営スタート後、バタバタせず負担の少ない運営ができます。

▼開設前のタスク

- 目的、目標、運営方針、運営ルール、ページ名称の決定
- Facebookページに記載する基本情報の決定
- 画像の準備（カバー画像、プロフィール画像）

▼運営ルールの例

- 投稿のトーンマナーの決定（運営者の口調を出すかどうか、文体の統一など）
- ほかの運営メディアとの連携（ブログやInstagramなど）
- 投稿コンテンツのためのネタ集めの打合せ
- 投稿コンテンツの作成と承認
- 投稿頻度の確定
- コメントや問い合わせへの返信・対応フロー
- 問題発生時のエスカレーションフロー（クレームなどが入ってきたときにどのように対応するか）
- 広告出稿
- 効果検証と改善施策の策定

Facebookの利用規約をチェックしておく

　Facebookは、ルールや仕様が変更になったり、新機能が何の前触れもなく突然追加されたりすることが頻繁にあります。ルールが変更になった場合は、それに従う必要があるので、変更などが認められた場合には、**Facebookの利用規約をチェックしましょう。**

　もし、**ガイドラインから外れた運営をしていることが発見された場合は、アカウントを削除されることもあります。**その場合、異議を申し立てることも難しいので最初からやり直しになると考えておいたほうがよいでしょう。そうならないためにも、利用規約は必ずチェックしておくようにしましょう。

Facebook 利用規約
▶URL https://ja-jp.facebook.com/policies/

▲ 左上には、利用規約の最終更新日が表示されています。

第2章
「稼げるFacebookページ」の作り方

Section 007	Facebookページを作成するための流れ
Section 008	Facebookの個人アカウントを作成する
Section 009	Facebookページの名前を事前に考える
Section 010	Facebookページを作成する
Section 011	Facebookページの画面の見方
Section 012	Facebookページの公開・非公開を設定する
Section 013	Facebookページの基本データを設定する
Section 014	ユーザーネーム（URL）を設定する
Section 015	Facebookページにスポット（地図）を追加する
Section 016	Facebookページの管理人を設定する
Section 017	投稿欄とコメント欄の設定をする
Section 018	Facebookページを見せたい「ターゲット」を設定する
Section 019	魅力的なカバー写真を設定する
Section 020	プロフィール写真を設定する
Section 021	コールトゥーアクションを作成する
Section 022	会社の大事な出来事を投稿する

Section 007

第2章 「稼げるFacebookページ」の作り方

Facebookページを作成するための流れ

初期設定

Facebookページを作るうえで準備しておかなければならないことがいくつかあります。ここでは、Facebookページを作る全体の流れを把握し、作成中に準備不足で手が止まらないようにしておきましょう。

最初の一歩。個人アカウントを作成する

　Facebookページを作成する前に、**運営者個人として準備しておくべきことと、企業として準備しておくべきこと**がいくつかあります。公開スケジュールをしっかりと守るために、事前準備は怠らないようにしましょう。

　運営者個人の準備として、まずはFacebookの個人アカウントを開設する必要があります。以前は個人アカウントがなくてもFacebookページの運営ができましたが、現在は**Facebookページを開設する前に、個人アカウントを開設することが必須条件**となっています。また、Facebookの投稿がどのように流れてくるのかを確認したり、Facebookの世界観を体験する意味でも、まずは個人アカウントを使って、Facebookに慣れ親しんでおくとよいでしょう。これからFacebookページを運営していくうえで、Facebookで友達とつながり、投稿をするという経験は大いに役に立つことでしょう。

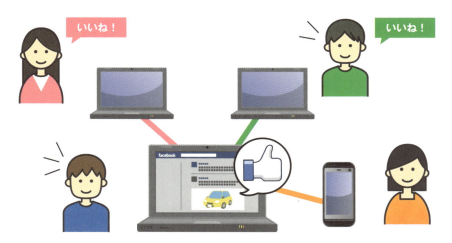

▲ Facebookページを開設するには、まず個人アカウントを作成する必要があります。個人アカウントを使って、Facebookがどのようなものか体験しておきましょう。

Facebookページ制作の流れ

　Facebookページを制作するうえで準備しておかなければならない項目は、個人の判断だけでは決められないことも多いと思います。会社のWebサイトと同様、多くの人が目にすることになりますので、社内でしっかりと確認をとり、**どのような方針で制作、運営していくのかをはっきり決めておきましょう**。各項目に関しては以降の節で細かく解説していきます。

▼制作の流れ

1. Facebookページの名称を考える
2. 設定項目で入力する内容を決めておく
3. 基本情報で入力する内容を決めておく
4. ユーザーネーム（URL）を決める
5. 運営に携わる管理人を決める
6. カバー写真、プロフィール写真を決める（制作する）

▲ 会社のWebサイトと同様、会社のイメージを左右するので、しっかりと方針を決めておくようにしましょう。

MEMO　Facebookページの名前やユーザーネーム（URL）の変更には条件がある

「設定項目」や「基本情報」は、あとで自由に変更することは可能ですが、Facebookページの名前やユーザーネーム（URL）を変更する場合には条件があるので、事前にしっかりと決めるようにしましょう。

Section 008

初期設定

第2章 「稼げるFacebookページ」の作り方

Facebookの個人アカウントを作成する

Facebookページを運営するには、Facebookの個人のアカウントを取得する必要があります。ここでは、これからFacebookの個人アカウントを取得する方のために作成の手順を紹介します。

個人アカウントを作成する

　Facebookページを制作・運営していくために、まずは**個人アカウントを作成しましょう**。個人アカウントを作って、自分の「友達」ともつながり、**Facebookを体験**することも、Facebookページを運営するうえでは重要な経験です。

❶ Facebook（https://www.facebook.com/）にアクセスし、必要事項（姓名、メールアドレスまたは携帯番号、パスワード、生年月日、性別）を入力します。

❷ ＜アカウント登録＞をクリックします。

❸ 普段利用しているメールアカウントのアドレス帳から友達を検索することができます。ここでは、＜次へ＞をクリックします。

❹「友達を検索」画面が表示されます。＜スキップ＞をクリックします。

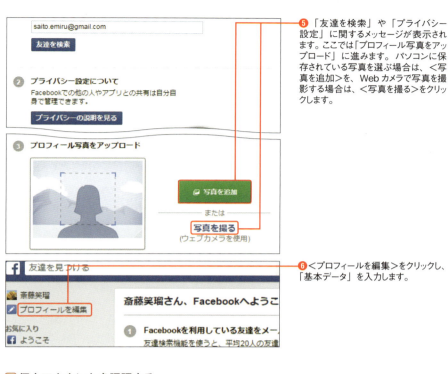

❺「友達を検索」や「プライバシー設定」に関するメッセージが表示されます。ここでは「プロフィール写真をアップロード」に進みます。パソコンに保存されている写真を選ぶ場合は、＜写真を追加＞を、Webカメラで写真を撮影する場合は、＜写真を撮る＞をクリックします。

❻＜プロフィールを編集＞をクリックし、「基本データ」を入力します。

▼ 個人アカウントを認証する

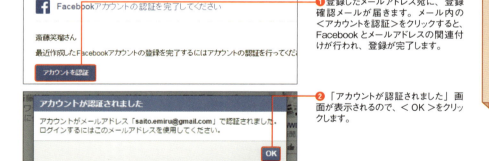

❶登録したメールアドレス宛に、登録確認メールが届きます。メール内の＜アカウントを認証＞をクリックすると、Facebookとメールアドレスの関連付けが行われ、登録が完了します。

❷「アカウントが認証されました」画面が表示されるので、＜OK＞をクリックします。

アップロードできる画像

プロフィール写真としてアップロードできる画像は、4MB以下でフォーマットは「JPG」「PNG」「GIF」「TIF」のいずれかになります。

Section 009 初期設定

第2章 「稼げるFacebookページ」の作り方

Facebookページの名前を事前に考える

Facebookページには名前を付ける必要があります。企業や団体、または商品・サービス名を名前にすることが多いですが、Facebookの利用規約に違反していないか確認する必要があります。

ページ運営の目的から考える

　Facebookページの作成をするうえで、Facebookページの名前を登録する必要があります。Facebookページを運営する目的、ゴールを意識して、企業・団体であればその名前、商品・サービスであればその名前を入力することが通常です。**Facebookページの名前は、ページで表現したい会社名、サービス・製品名を正確に表示する**必要があります。ページ運営の目的が明確になっていれば、投稿の内容もハッキリとしているはずです。それをふまえて、**ファンに伝えたいメッセージが的確に表せるページ名を付ける**ようにしてください。

　たとえば、ホテルのFacebookページの名前を考えてみましょう。ホテル内にあるレストランへの集客をするページなのか、宿泊客を増やすためのページなのか、挙式を増やすためのページなのかで投稿の内容も変わってきます。それなのに、ホテルの名称をページ名として付けるだけでは、目的と整合性がとれない部分も出てくるでしょう。

◎ 利用規約の禁止事項に注意する

　名称に対してはいくつかの**禁止事項***があります。とくに注意しなければならないのは、**名称に含めてはいけない言葉や記号がいくつか決められている**ということです。たとえば、「ピザ」や「ビール」のような一般名詞だけでは使用することができなかったり、ローマ字を利用する場合は文法的に正しいものでないと登録できなかったりします。具体的には「ABCSHOP」のように大文字だけの文字列を登録しようとしても利用規約に引っかかって登録できません。あくまでもそのページを正しく表現することが目的なので、その点を注意して名前を付けるようにしましょう。

> **MEMO　ページ名で過剰な表現を避ける**
> 以前はSEOを意識して、過剰に長いページ名を目にすることもありましたが、現在Facebookでは、ページ名はシンプルにして、ページの詳細な説明は「基本データ」に入力することを勧めています。

*Facebookページ利用規約：https://www.facebook.com/page_guidelines.php

▼ そのほかFacebookページの名称として禁じられていること

- 過剰な句読点や商標マークなどの記号の使用
- 長い記述（スローガンなど）
- 「Facebook」という名前。またはその変形
- 誤解を招きかねない言葉。特定のブランド、企業、著名人などの公式のページではないのに、公式と誤解されるような表現
- 不適切な、または人の権利を侵害する可能性がある言葉やフレーズ

ページ名の変更には条件がある

　事前にしっかりとFacebookページの名前を考えてもらう理由の1つは、公開後に**ページ名を自由に変更することが禁じられている**ためです。

　Facebookページの管理者であれば管理画面から変更が可能ですが、ファンの数が200名を超えると変更は認められなくなります。また、頻繁な名称変更も禁じられています。多くの人の目に留まるFacebookページの名称なので、しっかりと決めてから設定するようにしましょう。

　また、**類似した名称のページ**がないか、**誤解されやすいようなページ**がないか、事前に検索してチェックしておくことをおすすめします。

◀ 事前に類似した名称のページはないか確認しておきましょう。

ページ名と同時にURLも考えておく

ページ名称を考える際に、URLも一緒に考えておくとよいでしょう。「https://www.facebook.com/○○」の○○の部分を自由に設定することができます。Sec.014で詳しく説明しますが、ページ名とマッチしたURLを付けることが重要です。

Section

010

初期設定

第2章 「稼げるFacebookページ」の作り方

Facebookページを作成する

いよいよ、実際にFacebookページを作ってみましょう。ここまでで、ページを作成するうえで必要な準備はできていると思います。それを実際に形にしていきましょう。

▶ Facebookページを作成する

❶ ▼をクリックします。

❷ ＜ページを作成＞をクリックします。

❸ 6つのカテゴリーの中から、自分の作りたいページのカテゴリーをクリックします。

MEMO 選択するカテゴリーで入力する内容が変わる

最初に6つのカテゴリーの中から、作成するページのカテゴリーを選択することになりますが、そのあとカテゴリーによって入力する内容が若干変わってきます。選んだカテゴリーの内容をよりよく表現するためのものなので、指示に従って入力を進めていってください。

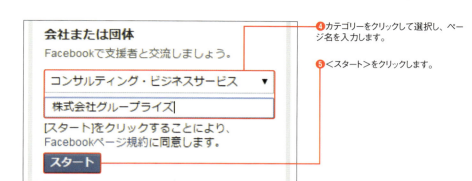

❹カテゴリーをクリックして選択し、ページ名を入力します。

❺＜スタート＞をクリックします。

❻「基本データ」を入力する画面が表示されるので、Facebookページの説明を155文字以内で入力します。Webサイトがある場合は、そのURLも入力します。なお、この文章はあとからでも編集できます（Sec.013参照）。

❼FacebookページのURLを入力します。このURLはあとからでも編集できますが、正式に決定していない場合はスキップします（Sec.014参照）。

❽＜情報を保存＞をクリックします。

❾「プロフィール写真」の設定画面が表示されます。ここでは、パソコンに保存している画像を使用します。＜コンピュータからアップロード＞をクリックします。

第2章 「稼げるFacebookページ」の作り方

プロフィール写真のサイズ

パソコンでは160×160ピクセル、スマートフォンでは140×140ピクセルで表示されます。アップロードするサイズは180×180ピクセル以上で正方形の画像を利用しましょう。正方形でない画像をアップロードした場合は正方形になるようにトリミングされます。

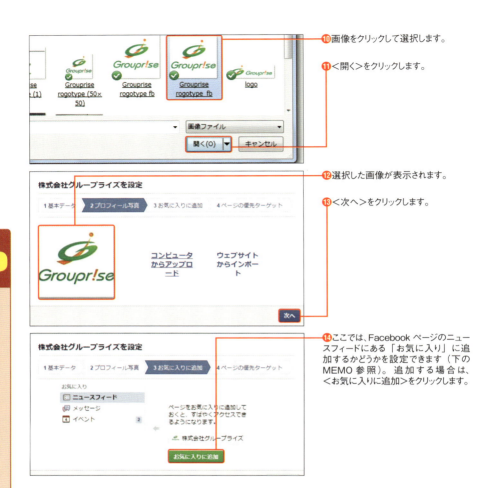

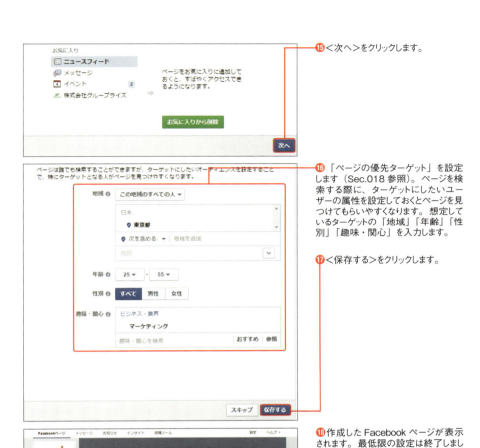

⑮ ＜次へ＞をクリックします。

⑯ 「ページの優先ターゲット」を設定します（Sec.018参照）。ページを検索する際に、ターゲットにしたいユーザーの属性を設定しておくとページを見つけてもらいやすくなります。想定しているターゲットの「地域」「年齢」「性別」「趣味・関心」を入力します。

⑰ ＜保存する＞をクリックします。

⑱ 作成したFacebookページが表示されます。最低限の設定は終了しましたが、まだまだ設定しなければならない項目があるので、まずは「非公開」に設定しておきましょう（Sec.012参照）。

第2章 「稼げるFacebookページ」の作り方

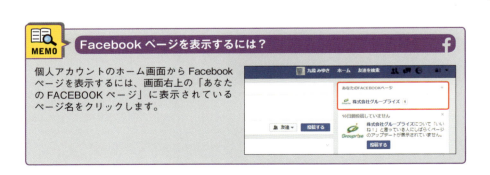

Facebookページを表示するには？

個人アカウントのホーム画面からFacebookページを表示するには、画面右上の「あなたのFACEBOOKページ」に表示されているページ名をクリックします。

第2章 「稼げるFacebookページ」の作り方

Section 011

初期設定

Facebookページの画面の見方

Facebookページは「管理者画面へのリンク」「タイムライン」「今週の運営状況」の画面に分かれています。ここではこれらの画面の見方と機能を確認しておきましょう。

画面の見方を確認する

自分が管理者として閲覧するFacebookページと、そうでないFacebookページとではまったく見え方が違います。**自分が管理者となっているFacebookページの場合、運営状況の数値が確認できる**ようになっており、すぐに管理者ページへと移動できるようなリンクがさまざまなところに表示されます。

▼「管理者画面へのリンク」を確認する

❶メッセージ	ユーザーから送信されたメッセージを確認できます。ユーザーがメッセージで問い合わせをした場合に限り、Facebookページから個人へメッセージを送ることが可能になります。	
❷お知らせ	投稿やカバー写真への「いいね!」の数や、投稿に対するコメント、チェックインの有無など、ユーザーのアクションが確認できます。	
❸インサイト	運営状況が確認できます。投稿に対する反応の詳細、ファン数の増加数など、期間を設定して確認することができます(P.164参照)。	
❹投稿ツール	公開済みの投稿だけでなく、日時指定をしている投稿や下書きなどのステータスにある投稿の一覧が確認できます。	
❺設定	管理画面が表示されます。	

▼「タイムライン」を確認する

❻カバー画像	カバー画像が表示されます。
❼プロフィール画像	プロフィール画像が表示されます。
❽ページ名	ページ名が表示されます。
❾コールトゥーアクション	外部のページへの設定をすることができます。
❿基本データ	ページの基本データが表示されます。管理者になっているページでは、ここで基本データの内容を編集することができます。
⓫サービス	サービス内容や発行しているクーポンが表示されます。
⓬投稿フォーム	投稿はここから行います。

▼「今週の運営状況」を確認する

⓭投稿のリーチ	投稿を見た人数です。この数値は1人で複数回見ても1回と見なしますので、純粋にあなたのページの投稿を見た人数になります。
⓮ウェブサイトクリック	FacebookページからWebサイトへ誘導できた回数です。
⓯お問い合わせ	コールトゥーアクションボタンからお問い合わせを表示された回数です。
⓰返信率、返信までの時間	メッセージが入った際の返信率と平均返信時間です。
⓱チェックイン	来店した顧客がチェックインした人数です。
⓲すべて見る	クリックすると、投稿に関連するすべてのアクションの回数を確認できます。「いいね!」、コメント、シェア、写真の閲覧、リンクのクリック、動画の再生などが含まれます。

> **MEMO** Facebookページの管理画面
>
> Facebookページの設定を行うときは、管理画面に移動して操作します。管理画面からFacebookページに戻りたいときは、画面左上の<Facebookページ>をクリックします。

Section 012 初期設定

第2章 「稼げるFacebookページ」の作り方

Facebookページの公開・非公開を設定する

ここまでで、ひとまずFacebookページの作成はできましたが、この段階では不完全な状態です。この段階では「非公開」に設定しておき、残りの各種情報を充実させてから公開しましょう。

▶ Facebookページを「非公開」にする

　ここまでのステップでは、**Facebookページは未完成の状態です**。Facebookページに「いいね！」をもらうためには、投稿も重要ですが、それ以前に、Facebookページの魅力を伝えるための情報などを充実させておく必要があります。**すべての情報を入力するまでは、いったんFacebookページを「非公開」にしておきましょう。**「非公開」の状態にすると、管理人だけがFacebookページを確認できるようになります。一般のユーザーの目には触れることはないので、この状態でページを魅力的に編集していきましょう。

❶ ＜設定＞をクリックします。

❷ 「公開範囲」の右にある＜編集＞をクリックします。

❸ 「ページを非公開にする」のチェックボックスをクリックしてオンにします。

❹ ＜変更を保存＞をクリックします。

Facebookページを公開に切り替える

必要な情報をすべて入力したら、**Facebookページを公開に切り替えましょう。**

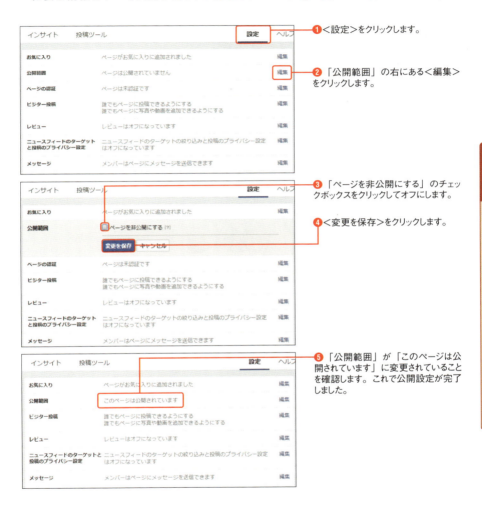

❶ ＜設定＞をクリックします。

❷ 「公開範囲」の右にある＜編集＞をクリックします。

❸ 「ページを非公開にする」のチェックボックスをクリックしてオフにします。

❹ ＜変更を保存＞をクリックします。

❺ 「公開範囲」が「このページは公開されています」に変更されていることを確認します。これで公開設定が完了しました。

非公開時に自分で「いいね！」をしない

ページが作成できるとうれしくなって、つい自分でページへの「いいね！」ボタンを押したくなります。しかし、未完成の状態でページがユーザーに広まる可能性がありますので、自分のページに「いいね！」をするのはページが完成にしてからにしましょう。

Section 013 初期設定

第2章 「稼げるFacebookページ」の作り方

Facebookページの基本データを設定する

Facebookページの基本データは、「どのようなページなのか」、「このページを運営している会社がどのような会社なのか」をしっかりと伝えるために、すべての項目を入力するようにしましょう。

基本データを設定する

　Facebookページの基本データは、**＜基本データ＞をクリックして編集**することができます。どのようなページなのか、運営している会社はどのような事業を行っているのか、**御社を初めて知るユーザーには**重要な情報です。Facebookページの**信頼性を増すためにも、しっかりと情報を入力**しましょう。

❶ ＜基本データ＞→＜ページ情報＞の順にクリックします。

❷ 各項目をクリックして情報を入力します。すでに入力されている項目を編集する場合は、該当項目にカーソルを合わせ、表示される＜編集＞をクリックします。

基本データの入力項目には何がある？

　Facebookページ作成時に選択した**カテゴリーによって、基本データの入力項目は変化**します。Webサービスを展開している会社と、実際に店舗を運営している会社とでは、地図情報や営業時間など、必要な情報が異なるためです。ここでは**「企業・団体」**を選択したときの**入力項目を紹介**します。

ページ情報		
	ページ情報	
❶	カテゴリ	企業・団体: コンサルティング・ビジネスサービス
	名前	Facebookのウェブアドレスを入力
❷	開始日	開始日を入力
❸	住所	住所を入力
❹	簡単な説明	SNSのコンサルティングを行っている会社です
	所有者情報	ページの所有者情報を入力
❺	詳細	ページの詳細な説明を入力
❻	ミッション	＋ ミッションを入力してください
	設立	＋ 設立日を入力
	受賞歴	＋ 受賞歴を入力
❼	商品・サービス	＋ 製品を入力してください
	電話番号	電話番号を追加
	メール	メールアドレスを入力
❽	ウェブサイト	http://www.grouprise.jp

❶カテゴリ	Facebookページの目的に合わせて、もっとも適切なカテゴリーを選択します。
❷開始日	Facebookページの運営開始日を入力します。
❸住所	お店や店舗の住所を入力します（P.50参照）。
❹簡単な説明	ここに入力される内容は、プロフィール写真の下に表示されます。使用できるのは155文字までです。
❺詳細	ブランド、事業、会社・団体に関する詳細情報を入力します。
❻ミッション	企業で定めているミッションを入力します。
❼商品・サービス	取り扱っている商品・サービス情報を入力します。
❽ウェブサイト	作成時に入力したURLが記載されています。変更する場合は右端の＜編集＞クリックして変更します。

Section 014 初期設定

第2章 「稼げるFacebookページ」の作り方

ユーザーネーム（URL）を設定する

ユーザーネームとは、FacebookページのURLのことです。Facebookページの内容や会社名が連想しやすく、覚えやすいものを設定するようにしましょう。

ユーザーネームを考える

　ユーザーネームとは、FacebookページのURLのことで、Facebookページを多くの人に認知してもらうために必要なものです。ユーザーネームは、今後Facebookページ運営していくうえで非常に重要なものになるので、企業名やサービス名などが容易に連想でき、わかりやすく、覚えやすいものにしましょう。

　このユーザーネームは、**好きな英数字を用いて自由に作成することが可能**です。設定したユーザーネームをあとから変更することは可能ですが、頻繁に変えることは望ましくありません。これから運営していくFacebookページに**最適なユーザーネームは何か、よく考えてから、慎重に決定**するようにしましょう。

ユーザーネームを設定するうえでのガイドライン

　ユーザーネームを自由に付けられるといっても、Facebookが定めたルールに従う必要があります。ここではまず、ユーザーネームを設定するうえでの**ガイドライン**を紹介します。

・ほかの人がすでに使用しているユーザーネームは使えない
・長期的に利用できるユーザーネームを選択する
・ユーザーネームには英数字（A～Z、0～9）とピリオド（.）のみ使用できる。ピリオド（.）はユーザーネームの一部とは見なされず、大文字小文字は区別されない（たとえば、johnsmith55、John.Smith55、john.smith.55はすべて同じユーザーネームとみなされる）
・ユーザーネームは5文字以上で設定する。また、ユーザーネームに一般名や「.com」や「.net」などを使用することはできない

ユーザーネームを設定する

　ユーザーネームが決まったら、実際に設定しましょう。ユーザーネームは、ほかの項目と同様、＜基本データ＞から行います。

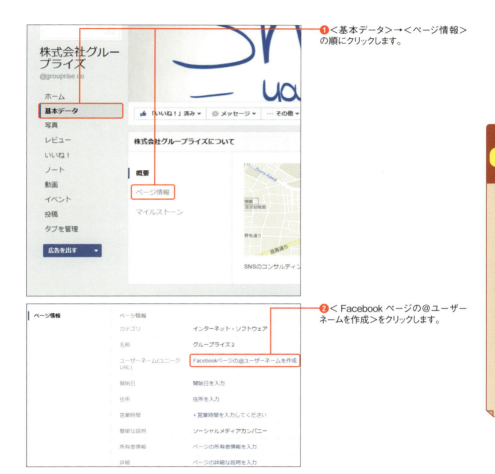

❶＜基本データ＞→＜ページ情報＞の順にクリックします。

❷＜Facebookページの@ユーザーネームを作成＞をクリックします。

 ユーザーネームでFacebookページを表現する

ユーザーネームを付けることで、Facebookページの存在を知らせたり、メールマガジンや外部サイトに記述しやすくなります。ページ名とは異なり英数字のみを使って、どのようにFacebookページを表現するのか考えて設定しましょう。

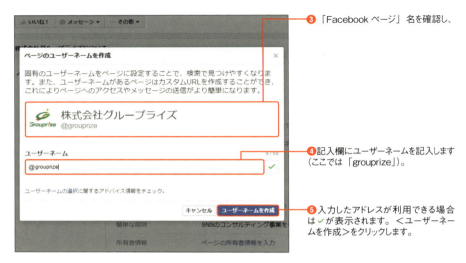

❸「Facebookページ」名を確認し、

❹記入欄にユーザーネームを記入します（ここでは「grouprize」）。

❺入力したアドレスが利用できる場合は✓が表示されます。＜ユーザーネームを作成＞をクリックします。

選択できない場合の表示

手順❹で入力したユーザーネームが使用できない場合、✕が表示されます。多くの場合、入力したユーザーネームがすでにほかの人に使用されています。その下の＜ユーザーネームの選択＞をクリックすると、「ヘルプセンター」のユーザーネームを作成する際の注意点を確認することができます。

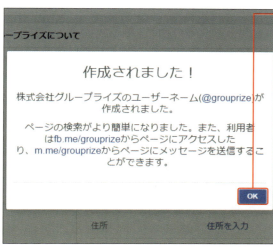

❻ <OK>をクリックすれば、Facebookページの URL が反映されます。

❼ カバー画像左上の<Facebookページ>をクリックして、トップページに移動します。

❽ 設定したユーザーネームが「https://www.facebook.com/」のうしろに表示されているかを確認しましょう。

Section 015 初期設定

第2章 「稼げるFacebookページ」の作り方

Facebookページにスポット（地図）を追加する

店舗を持っている企業の場合は、いかにお客を呼べるかが重要です。Facebookページに住所を入力して地図を表示させ、店舗へきちんと案内できるように準備しておきましょう。

スポット（地図）を追加する

店舗に集客をするためには、住所を知ってもらい、店舗に足を運んでもらわなければいけません。そのために、**住所と地図をユーザーに認知してもらいましょう**。ユーザーの活動範囲なのかどうかを一目でわかるようにしておくことが重要です。

❶ ＜基本データ＞→＜ページ情報＞の順にクリックします。

❷ ＜住所を入力＞をクリックします。

❸ 「郵便番号」「市区町村」「住所」をそれぞれ入力し、＜変更を保存＞をクリックします。

❹ 住所を入力すると、タイムラインの左側の「情報」欄に地図が表示されます。ピンの位置が間違っていないか確認します。

MEMO 住所の登録がうまくいかない場合

Facebookページでは、住所の登録がうまくいかない場合があります。その際は、英語で入力する、番地を全角数字で入力するなど、いろいろな入力形式を試してみましょう。

スポット（地図）を変更する

間違って入力した場合、移転などをした場合でもすぐに**住所を変更することができます**。

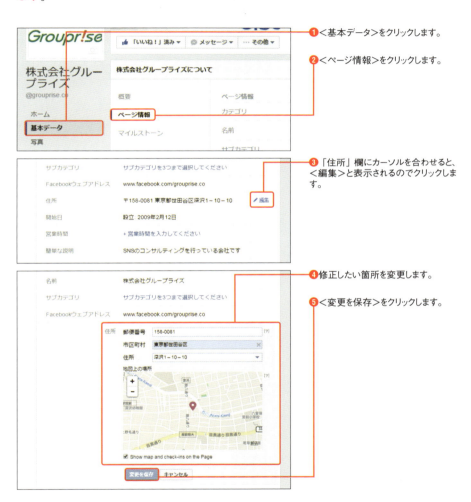

❶ <基本データ>をクリックします。

❷ <ページ情報>をクリックします。

❸ 「住所」欄にカーソルを合わせると、<編集>と表示されるのでクリックします。

❹ 修正したい箇所を変更します。

❺ <変更を保存>をクリックします。

地図のピンの位置が違う？

まれにピンがおいてある場所が入力した住所と異なる場合があります。その場合は、ピンをドラッグして正しい場所に移動させましょう。

Section 016 初期設定

第2章 「稼げるFacebookページ」の作り方

Facebookページの管理人を設定する

Facebookページは複数のメンバーで運営することが可能です。運営するメンバーを管理人として設定し、その役割に応じて権限を与え、役割分担をして運営していくことができます。

管理人を追加する

Facebookページを作成した本人は自動的に管理人となりますが、1人でFacebookページを運営するのはなかなか難しいものです。ほかのメンバーも管理人として設定し、役割を分担をして運営していくことをおすすめします。

また、**Facebookページの管理人は、役割に応じて5段階の権限設定ができる**ので、それぞれどのような役割を担ってもらうかを考えてから設定するようにしましょう。

❶ カバー画像上部の＜設定＞をクリックします。

❷ ＜ページの役割＞をクリックします。

❸ 「名前またはメールアドレスを入力」欄に、設定する管理人の名前かメールアドレスを入力します。

MEMO 管理人の登録方法

Facebookの個人アカウントを持っていれば管理人になることはできますが、管理人に追加しようとしている人の「友達」か否かで登録方法が異なります。「友達」の場合は手順❸で名前を入力し、表示された候補から選択します。「友達」ではない場合は、手順❸でFacebookに登録しているメールアドレスを入力します。

④管理人を設定したら、役割を選択します。

⑤＜保存する＞をクリックします。

⑥パスワードの入力を求められるので、Facebookにログインするときのパスワードを入力します。

⑦＜送信＞をクリックします。

⑧管理人が追加されました。

管理人の役割

管理人は権限によって5段階に分けられます。それぞれできることは下図の通りです。誰にどこまでの役割を担当してもらうかを決定したら、下図で各管理人のできることを確認し、適切な権限を与えるようにしましょう。

	管理者	編集者	モデレータ	広告管理者	アナリスト
ページの役割と設定を管理する	✓				
ページの編集とアプリの追加	✓	✓			
ページとして投稿を作成、削除する	✓	✓			
ページとしてメッセージを送信する	✓	✓	✓		
ページに対するコメントや投稿に返信する、コメントや投稿を削除する	✓	✓	✓		
ページから利用者を削除してブロックする	✓	✓	✓		
広告を作成する	✓	✓	✓	✓	
インサイトを表示する	✓	✓	✓	✓	✓
ページとして公開した人を確認する	✓	✓	✓	✓	✓

管理人の権限を変更する

　最初にFacebookページを作成した人は「管理者」という最上権限が与えられた管理人になります。**ほかの管理人の追加・削除やページの設定などは、この「管理者」でないと行えません**。「管理者」でなければできないことがあるということは、管理者にしか権限がない事項の変更が、スムーズに行われないことを意味します。「管理者」の権限は、複数の人に持たせておいたほうが運営に支障をきたさないでしょう。
　管理人の権限は、いつでも変更が可能です。あとから変更の必要が出てきた場合、「管理者」の権限を持っていれば、次のような方法で権限変更が可能です。

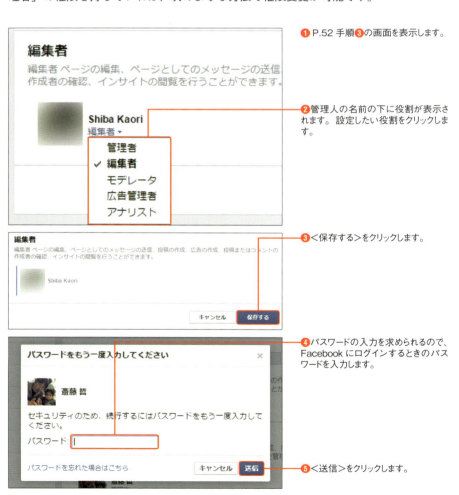

❶ P.52手順❸の画面を表示します。

❷ 管理人の名前の下に役割が表示されます。設定したい役割をクリックします。

❸ ＜保存する＞をクリックします。

❹ パスワードの入力を求められるので、Facebookにログインするときのパスワードを入力します。

❺ ＜送信＞をクリックします。

管理人を削除する

企業で運営している Facebook ページの場合、管理人が退職したり、異動などで担当から外れるケースも出てくると思います。その場合、**セキュリティ上の観点からも管理人から削除**しておく必要があります。

❶ P.52 手順❸の画面を表示します。

❷ 削除したい管理人の名前の上にカーソルを合わせ、右上に表示される×をクリックします。

❸ ＜保存する＞をクリックします。

❹ パスワードの入力を求められるので、Facebook にログインするときのパスワードを入力します。

❺ ＜送信＞をクリックします。

MEMO 「管理者」は最低 1 人必要

最初に Facebook ページを作成した人でも管理人を抜けることはできますが、その場合、ほかに「管理者」を設定しておく必要があります。

Section 第2章 「稼げるFacebookページ」の作り方

017 投稿欄とコメント欄の設定をする

初期設定

Facebookページでは、タイムラインへの投稿やコメントを受け付けるかどうかを設定することが可能です。また、投稿に制限をかけることもできるので、公開前に設定をしておきましょう。

ユーザーの投稿を制限する

　Facebookページを作成した時点では、ページにアクセスしたユーザーなら**誰でも投稿ができるようになっています**。しかし、ユーザーからの投稿を許可しない設定にしたり、投稿の内容に制限をかける、事前に確認をするといった設定も可能です。

　ただし、基本的には「**初期設定の状態＝Facebookがおすすめする運営状態**」と考えてください。そのため、それを変更するということは、よほどの理由か明確な運営イメージがある場合に限定したほうがよいでしょう。

▼ユーザーの投稿を禁止する

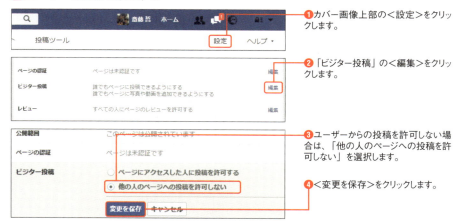

❶カバー画像上部の＜設定＞をクリックします。

❷「ビジター投稿」の＜編集＞をクリックします。

❸ユーザーからの投稿を許可しない場合は、「他の人のページへの投稿を許可しない」を選択します。

❹＜変更を保存＞をクリックします。

MEMO 投稿の制限内容

投稿を許可する場合でも、細かな制限をかけることができます。写真や動画などの投稿を許可せず、テキストのみに限定する場合は、手順❸で「ページにアクセスした人に投稿を許可する」を選択し、「写真と動画の投稿を許可」のチェックを外します。投稿を事前に確認したい場合は、「他の人の投稿をページに表示する前に確認する」のチェックを入れます。

▼特定の言葉をブロックする

❶「ページのモデレーション」の＜編集＞をクリックします。

❷制限したい言葉を入力します。複数の言葉を制限したい場合は、言葉の間に「,」を入力します。

❸＜変更を保存＞をクリックします。

▼不適切な言葉を制限する

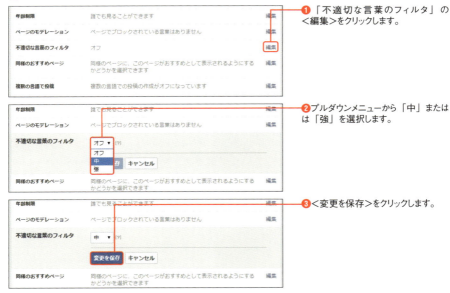

❶「不適切な言葉のフィルタ」の＜編集＞をクリックします。

❷プルダウンメニューから「中」または「強」を選択します。

❸＜変更を保存＞をクリックします。

MEMO 「不適切な言葉」とは？

Facebookでは具体的にはどのような言葉が「不適切な言葉」とされているか明確にしていません。コミュニティにより不適切であると判断された一般的な言葉やフレーズを利用して、ブロックするコンテンツを決定しています。また、コミュニティから不快だと報告される回数に応じて「中」「強」の判断をしているものと思われます。

Section 018 初期設定

第2章 「稼げるFacebookページ」の作り方

Facebookページを見せたい「ターゲット」を設定する

Facebookページの投稿は、性別、年齢、地域などの情報からターゲットを絞って表示させることが可能です。商品・サービスに合わせて、ターゲットに探してもらいやすくするための設定を紹介します。

ターゲットとは？

　あなたの商品・サービスは、どのような人に利用してもらいたいものでしょうか。**「性別」「年齢」「居住地」「興味・関心事」など、さまざまな観点から、ターゲットを考えることができる**でしょう。

　世の中には、競合商品がない商品はほとんどありません。類似商品やサービスは世の中にあふれていて、差別化が非常に難しくなってきているといえます。そのような中では、Facebookページで投稿する内容が万人受けを狙ったものでは、反対に、誰にも届かないものになってしまいがちです。

　ターゲットの話をすると、「できるだけ多くの人に届けたい」とか「すべてのユーザーがターゲットです」という話をよく耳にします。しかし、それはさまざまな情報にさらされ、どのように商品を選んだらよいか迷っているユーザーの状態を理解していないといわざるをえません。「これって、自分にぴったりのメッセージ」と思わせなければ、ユーザーは振り向いてくれないのです。そのためにも、**Facebookページを誰に向けて投稿していくのか明確にしていく必要があります**。ターゲットが絞れていない企業は、この機会にターゲットを明確に設定してみてください。ターゲットの設定の仕方は、いろいろあると思いますが、**常連顧客の属性を考えてみる**のが1つの手法です。もっとも利用してくれている顧客の年齢、性別、居住地などからターゲットを設定してみてください。

年齢

10代

70代

30代

性別

居住地
海外
都道府県
市町村

▲ ターゲットの設定に迷ったら、まず常連顧客の属性を考えてみましょう。

ページの優先オーディエンスを設定する

　ページの優先オーディエンスを設定すると、ページが**ターゲットに見つけられやすくすることができます**。この設定は、Facebookページを作成した際に、ページの優先オーディエンスを設定しているかと思います（P.39参照）が、改めてターゲットをしっかりと考えてみたり、商品の特性が変わったりした場合には、**「優先オーディエンス」**を変更することが可能です（なお、この機能は古くに作成されたFacebookページでは設定できません）。

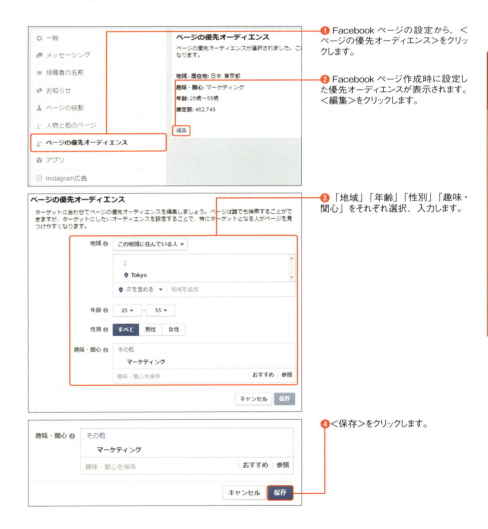

❶ Facebookページの設定から、＜ページの優先オーディエンス＞をクリックします。

❷ Facebookページ作成時に設定した優先オーディエンスが表示されます。＜編集＞をクリックします。

❸「地域」「年齢」「性別」「趣味・関心」をそれぞれ選択、入力します。

❹ ＜保存＞をクリックします。

Section

019

初期設定

第2章 「稼げるFacebookページ」の作り方

魅力的なカバー写真を設定する

Facebookページの顔といえるのがカバー写真です。どのようにすれば効果的にコンセプトやサービスを伝えられるのかを考え、設定しましょう。

カバー写真が果たす役割

カバー写真は、Facebookページを訪れた人であればだれもが目にし、表示エリアが広いため、ページの**第一印象を決定付けるもの**です。自社の製品写真や、人気メニュー、店舗の雰囲気を伝えるような写真などを選択するページが一般的です。

カバー写真は変更回数に制限などもないため、季節に合わせてカバー写真を変更したり、ユーザーから募った写真を利用するなど、**ファンとの距離を縮めるような活用方法も増えています**。

▲ Facebookページのカバー写真には、その会社・製品などをもっともよく表現できている写真を設定するようにしましょう。

MEMO カバー写真のサイズ

カバー写真のサイズは、「幅851ピクセル×高さ315ピクセル」「100キロバイト未満」「RGBカラー」「JPGファイル」が推奨されています。少なくとも幅399ピクセル×高さ150ピクセルである必要があります。

カバー写真を設定する

❶＜カバーを追加＞をクリックします。

❷パソコン内の画像をアップロードする場合は、＜写真をアップロード＞をクリックします。

❸カバー写真に設定する画像をクリックします。

❹＜開く＞をクリックします。

❺画像の位置を調整したい場合は、カバー写真をドラッグして移動します。

❻＜保存＞をクリックします。

カバー写真を変更、調整する

カバー写真を編集する場合は、カバー写真左下の＜カバーを変更＞をクリックします。写真を変更する場合は、＜写真アルバムから選択＞または＜写真をアップロード＞を、位置を修正する場合は＜位置を調整＞を、削除したい場合は＜削除＞をそれぞれクリックします。

Section

第 2 章　「稼げる Facebook ページ」の作り方

プロフィール写真を設定する

初期設定

プロフィール写真は、記事を投稿した際に、ファンのニュースフィードに投稿文、ページ名と一緒に表示されます。どのFacebookページからの投稿なのか一目で認識できるような写真を設定しましょう。

プロフィール写真が果たす役割

プロフィール写真は、ニュースフィードに投稿文と一緒に表示される重要な写真です。多くの Facebook ページでは、**企業・団体のロゴやブランドのマーク**などをプロフィール写真としてアップロードしています。そのような写真であれば、ファンは**一目で、どのページからの投稿なのかを認識**することができます。

プロフィール写真は **160 × 160 ピクセルの正方形で表示**されます。アップロードする際には、最低でも 180 × 180 ピクセルのサイズが必要になるので準備をしておいてください。

投稿にはプロフィール写真が表示される

▲ ファンのニュースフィードには、投稿者のプロフィール画像とページ名が投稿文と一緒に表示されます。一目で自分のページだと認識してもらえるような写真を設定しましょう。

プロフィール写真を設定する

❶ カバー写真の左にある＜写真を追加＞をクリックします。

❷ ＜写真をアップロード＞をクリックします。

❸ プロフィール写真に使用する画像をクリックします。

❹ ＜開く＞をクリックします。

❺ プロフィール画像が設定されます。

Section

021

初期設定

第2章 「稼げるFacebookページ」の作り方

コールトゥーアクションを作成する

Facebookページから直接、Webサイトへ誘導することができれば非常に便利です。ファンを直接誘導することで、売り上げ増加につなげていきましょう。

▶「コールトゥーアクション」ボタンとは？

　ほとんどの中小企業の場合、Facebookページの運営目的は、**売り上げの向上**だと思います。ただし、Facebookページを見てもらうだけでは、なかなか売り上げにはつながらないので、**自社のサイトやECサイト、資料請求をしてもらうために**Facebookページからファンを誘導しましょう。

　Facebookページでは、それらのページに直接誘導するために**「コールトゥーアクション」ボタンを設置する**ことができます。誘導に使われる文言もいくつか準備されているので、商品やサービスに合わせてボタンを選択し、設定しましょう。

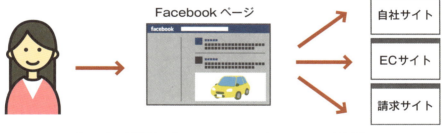

▲ コールトゥーアクションボタンを設置すれば、Facebookページを訪れたユーザーを直接自社のWebサイトなどのほかのページに誘導できます。

▼「コールトゥーアクション」ボタンの種類

◀「コールトゥーアクション」ボタンには、左図のような種類が用意されています。

「コールトゥーアクション」ボタンを作成する

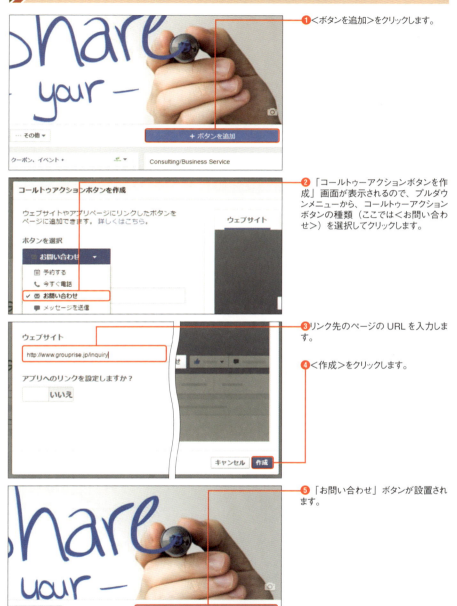

❶ ＜ボタンを追加＞をクリックします。

❷ 「コールトゥアクションボタンを作成」画面が表示されるので、プルダウンメニューから、コールトゥーアクションボタンの種類（ここでは＜お問い合わせ＞）を選択してクリックします。

❸ リンク先のページの URL を入力します。

❹ ＜作成＞をクリックします。

❺ 「お問い合わせ」ボタンが設置されます。

Section 022

初期設定

第2章 「稼げるFacebookページ」の作り方

会社の大事な出来事を投稿する

通常の投稿とは別に、「大事な出来事」として、ファンのタイムライン上に会社の歴史などを知らせることができます。ファンにより親近感を感じてもらえるような内容を投稿してみましょう。

大事な出来事を投稿する

会社の歴史などを「大事な出来事」として投稿することで、**ファンに親近感を持ってもらいましょう**。「大事な出来事」を投稿するには**事前に会社の設立日を設定しておく**必要があります（下記MEMO参照）。

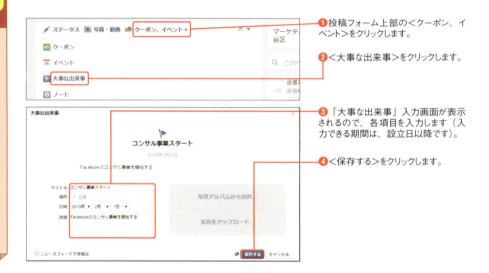

❶ 投稿フォーム上部の＜クーポン、イベント＞をクリックします。

❷ ＜大事な出来事＞をクリックします。

❸ 「大事な出来事」入力画面が表示されるので、各項目を入力します（入力できる期間は、設立日以降です）。

❹ ＜保存する＞をクリックします。

MEMO 設立日を設定する

設立日を設定するには、P.44手順❷の画面で「開始日」の＜開始日を入力＞をクリックし、プルダウンメニューから「設立」を選択したら、年月日を設定して＜変更を保存＞をクリックします。

確実におさえる!
Facebookページの投稿機能

Section 023	投稿機能には何がある?	
Section 024	ステータスを投稿する	
Section 025	写真を投稿する	
Section 026	複数の写真を投稿する	
Section 027	アルバムの表示順を変更する	
Section 028	写真にタグや位置情報を追加する	
Section 029	動画を投稿する	
Section 030	Webページを投稿する	
Section 031	コメントに返事をする	
Section 032	メッセージに返信する	
Section 033	日付を指定して予約投稿する	
Section 034	ノートを投稿する	

Section 023 基本テクニック

第3章 確実におさえる！Facebookページの投稿機能

投稿機能には何がある？

Facebookページに記事を投稿することで、ファンに情報を提供することが可能です。写真や動画、イベント情報などさまざまな形態でコンテンツを投稿できます。

投稿にはさまざまな「形」がある

　Facebookページを運用していくうえで、**もっとも重要なことが日々の投稿**です。そのため、Facebookでは、その投稿にさまざまな機能を付けています。企業側がファンに届けたいコンテンツというのも多様化しているので、単なる**文章だけでなく、写真や動画、イベント情報などさまざまな形態で投稿を届けることができる**ようになっています。それぞれの投稿形態によって、ファンに届く投稿の見え方にも違いがあります。

ステータス	文章中心の投稿です。ファンが知りたいと思うこと、ファンにとってためになる投稿、企業としてどうしても発信したい内容を記入します。
写真・動画	文章よりも写真や動画のほうが、ファンにインパクトを与えることができます。ニュースフィードに投稿が表示されたときに、最初に目がいくのは、写真や動画などのビジュアル情報です。
クーポン	オンラインまたは店頭で利用可能なクーポンを作成できます。
イベント	Facebookページで、主催するイベントを投稿することができます（Sec.059参照）。イベントページを作成すると、それと同時にその内容を投稿することができます。
大事な出来事	企業やサービスとして大事な出来事を、過去にさかのぼり投稿することが可能です（Sec.022参照）。
ノート	伝えたいことが長文になる場合は、単なる投稿にするのではなく、「ノート」を使ってブログのような感覚でメッセージを書き留めることが可能です（Sec.034参照）。

投稿に付加できる情報

投稿する際に、文章に付加できる情報があります。その**情報を付加することで、文章が豊かになる**ので必要に応じて利用するようにしましょう。

📷	投稿に写真や動画を追加	ステータスを投稿する際に、写真や動画を追加することができます。
😊	今していることや気分	今していることや気分を、アイコンなどといっしょに投稿することができます。
📍	チェックイン	投稿している場所の位置情報を追加することができます。
	ターゲットの絞り込み	投稿を見てもらいたいターゲットを制限することができます（Sec.046参照）。

MEMO ターゲットの絞り込みの活用例

イベントなどの告知をする場合、イベントに参加できるエリアの人だけに情報を発信することができます。たとえば東京で開催するイベントであれば、北海道や沖縄の方が参加する可能性は非常に低いですよね。そのような場合に、関東近県のファンにだけ配信するなどの活用ができます。ほかにも、年齢や性別などで投稿を表示させるファンを絞り込むことが可能です。

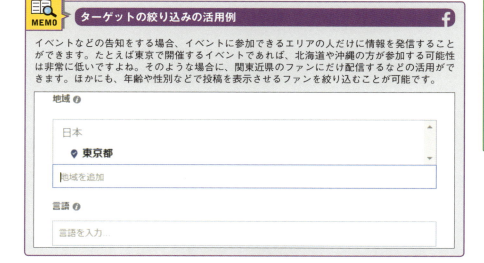

Section 024 基本テクニック

第3章 確実におさえる! Facebook ページの投稿機能

ステータスを投稿する

ステータスを投稿して「いいね!」やコメントをもらうことが、売り上げにつなげる第一歩となります。ファンが知りたいことやファンの悩みを解決してあげること、共感してもらえそうな内容を投稿しましょう。

文章を投稿する

FacebookページのステータスのT稿は、タイムライン上の投稿フォームの**「近況を投稿する」**と表記されている部分に文章を入力することで投稿できます。投稿は写真付きで行うことが多いですが、文章だけの投稿も**基本の機能**として覚えておきましょう。

❶ここのプロフィール画像がFacebookページの画像になっていることを確認します。

❷<ステータス>をクリックします。

❸投稿内容を入力します。

❹<公開>をクリックします。

❺投稿内容が反映されます。

位置情報を付けて投稿する

投稿する際に、位置情報を付加することができます。店舗を経営している場合は、投稿時にその店舗の情報を付加して投稿するとよいでしょう。

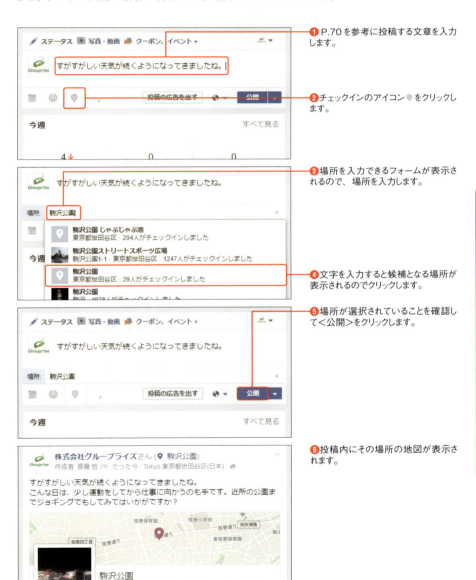

❶ P.70を参考に投稿する文章を入力します。

❷ チェックインのアイコン◉をクリックします。

❸ 場所を入力できるフォームが表示されるので、場所を入力します。

❹ 文字を入力すると候補となる場所が表示されるのでクリックします。

❺ 場所が選択されていることを確認して<公開>をクリックします。

❻ 投稿内にその場所の地図が表示されます。

Section | 第3章 確実におさえる！Facebookページの投稿機能

025 写真を投稿する

基本テクニック

Facebookページでは写真の存在感が非常に強くなってきています。ユーザーは、情報を短時間で消化しようとする傾向が強く、文字を読まずに写真を見ただけで、読み続けるか判断する人もいます。

写真を投稿する

ファンのニュースフィードには、日々、大量の情報が流れてきます。ファンは**限られた時間の中で、できるだけ多くの情報を見たい**という気持ちになっています。そのような状況では、伝えたい情報を文字だけではなく、**キャッチーな写真をいっしょに投稿して目を引く**必要があります。

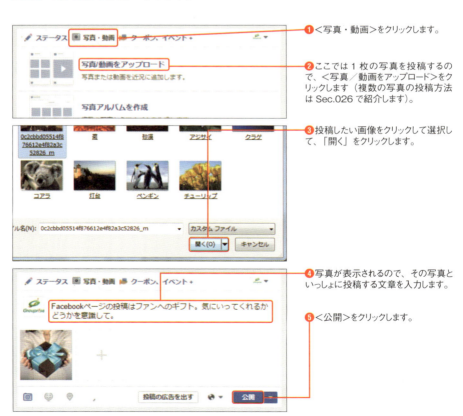

❶＜写真・動画＞をクリックします。

❷ここでは1枚の写真を投稿するので、＜写真／動画をアップロード＞をクリックします（複数の写真の投稿方法はSec.026で紹介します）。

❸投稿したい画像をクリックして選択して、「開く」をクリックします。

❹写真が表示されるので、その写真といっしょに投稿する文章を入力します。

❺＜公開＞をクリックします。

❻文章と写真が投稿され、タイムラインに表示されます。

投稿した内容を編集する

❶投稿した写真をクリックして拡大し、＜編集＞をクリックします。

❷投稿内容を修正し、＜編集を終了＞をクリックします。編集できるのは文章のみとなります。写真を交換したい場合は、いったん、投稿を削除して再投稿する必要があります。

第3章 確実におさえる！Facebookページの投稿機能

MEMO 投稿写真のサイズ

Facebookでは、投稿された写真を720、960、2048ピクセル（幅）のいずれかに変更して公開しています。最低でも横幅720ピクセルの写真を用意してください。

Section 026 基本テクニック

第3章 確実におさえる！Facebookページの投稿機能

複数の写真を投稿する

Facebookページでは、投稿時に複数の写真を投稿することが可能です。複数の写真がある場合でも、目的によって投稿の方法が4種類あるので、それぞれの投稿の方法を紹介します。

▶ 複数の写真を投稿する方法

複数の写真を投稿するには2種類の方法があり、それぞれ表示のされ方が異なります。 1つのカテゴリーに括られるけれど、さまざまなバリエーションの写真を紹介したい場合は **「写真アルバム」**、写真で動画のように見せたい場合は **「スライドショー」** を作成しましょう。

▼写真アルバム

▲ 4枚まで表示され、それ以上写真がある場合は「+2」のように残りの写真枚数が表示されます。

▼スライドショー

▲ 投稿が表示されると、自動的にスライドショーが始まります。

MEMO 複数の写真を投稿するメリット

複数の写真を投稿すると、各写真に「いいね！」やコメント、シェアをすることができるので、投稿に対する反応が増えやすくなります。複数の写真を準備できるようであれば、できるだけ複数の写真を投稿しましょう。

写真アルバムを作成する

❶ <写真・動画>をクリックします。

❷ <写真アルバムを作成>をクリックします。スライドショーを作成する場合は、<スライドショーを作成>をクリックします。

❸ Ctrl を押しながら複数の画像をクリックして選択します。

❹ <開く>をクリックします。

❺ 選択した写真が表示されます。<+さらに写真を追加>をクリックすると、さらに写真が追加できます。

❻ <無題のアルバム><このアルバムについて何か書く…>をクリックして、アルバムタイトルとアルバムに対する説明文章を入力します。

❼ <投稿する>をクリックします。

❽ タイムラインに表示されます。

第3章 確実におさえる！Facebookページの投稿機能

Section 第3章 確実におさえる！Facebook ページの投稿機能

027 アルバムの表示順を変更する

基本テクニック

アルバムでは、複数の写真が一覧で表示されます。写真の表示順は、自由に変更することができます。ここでは、写真の表示順を変更する方法を解説します。

アルバムの表示順を変更する

　Facebookページで**アルバムを作成すると、1つのテーマでまとめられた複数の写真を見せることができます**。このとき、アルバムの表示順を変更することが可能です。イベントであれば時系列順に並べることでイベントの進行を感じさせることができますし、夏のおすすめメニューであれば、おすすめ度の高い順に並べていくことで、**次にどんな写真がくるのかファンに期待をさせる**ことができます。このようにしてアルバムを考えると、写真がどの順番で表示されるかは非常に重要になってきます。とくに始めの写真は大きく表示されるので、**もっとも見せたい写真を設定**するようにしましょう。

❶＜写真＞をクリックします。

❷作成したアルバムの一覧が表示され、各アルバムの表紙を見ることができます。＜すべて表示＞をクリックすると、すべてのアルバムを確認できます。

❸表示順を変更したいアルバムをクリックします。

❹アルバムに収められている写真が表示されます。

❺写真をドラッグして任意の並び順に変更します。

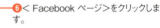

❻＜Facebookページ＞をクリックします。

❼表示順が変わったことを確認しましょう。まれにページをリロードしないと変更が確認できない場合があります。

第3章 確実におさえる！Facebookページの投稿機能

Section 第3章 確実におさえる！Facebookページの投稿機能

028 写真にタグや位置情報を追加する

基本テクニック

人物をタグ付けをすると、その人のプロフィールへリンクされ、タイムラインにも追加されます。写真に人物をタグ付けしてすることで、その人の友達にも写真に写っていることが伝わります。

写真の人物をタグ付けする

写真にタグ付けをすることで、誰がその写真に写っているかがわかります。また、タグ付けされたということが、その人のタイムラインにも追加されるので、タグ付けされた人の友達にも教えることができます。これは、どこにいるのかも同時に広めることになるため、情報を拡散するという意味ではよい反面、その人のプライバシーに配慮して行わなければいけません。

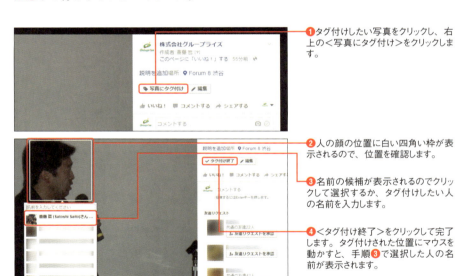

❶タグ付けしたい写真をクリックし、右上の＜写真にタグ付け＞をクリックします。

❷人の顔の位置に白い四角い枠が表示されるので、位置を確認します。

❸名前の候補が表示されるのでクリックして選択するか、タグ付けしたい人の名前を入力します。

❹＜タグ付け終了＞をクリックして完了します。タグ付けされた位置にマウスを動かすと、手順❸で選択した人の名前が表示されます。

タグ付けのマナー

ユーザーの中には、タグ付けされることを嫌う人は多いですし、その場所にいることを知られたくない人もいると思います。タグ付けする場合は、必ず、その人の許諾を得てからタグ付けするようにしましょう。

写真に位置情報を追加する

投稿した写真の場所を表すために**位置情報を追加**することができます。**投稿で紹介したお店やエリアなどを設定する**ことで、投稿した写真にかんたんに説明を付加することができます。

❶位置情報を追加したい写真をクリックし、＜位置情報を追加＞をクリックします。

❷表示したい場所の名前を入力し、該当する場所にマウスオーバーすると地図が表示されます。問題なければ場所をクリックします。

❸＜編集を終了＞をクリックすると、写真の場所が表示されます。

場所が登録されていない場合

登録したい場所の名前を入力したときに、該当の場所がない場合、＜スポット「〇〇」を追加＞（〇〇は入力した名称）をクリックすると、名称や住所などを登録して、場所（スポット）を作成することができます。

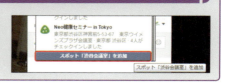

Section 029 動画を投稿する

基本テクニック

Facebookページでは、スマートフォンやデジタルビデオなどで撮影した動画を投稿することもできます。商品やサービスをよりよく知ってもらえるうえ、非常に強く印象付けることが可能です。

パソコン内の動画を投稿する

自社の商品・サービスをよりよく紹介するために、動画を利用している企業も多くなってきています。スマートフォンの性能の向上により、誰もがかんたんに高画質の動画を撮影することができるようになったためでしょう。

Facebookでは、動画付きの投稿がニュースフィードで読み込まれると、自動的に再生されます。これは非常に目を引くことになるため、動画を投稿することの大きなメリットです。最後まで見たくなるように導入の部分や同時に投稿する文章も工夫していきましょう。

❶＜写真・動画＞クリックします。

❷＜写真/動画をアップロード＞をクリックし、投稿したい動画を選択すると、動画のアップロードが始まります。

❸動画といっしょに投稿する文章を入力します。

❹動画にタイトルやタグなどの情報を追記します。

❺＜公開＞をクリックします。ファイルサイズによっては、アップロードが完了するまで数分以上かかることがあります。

YouTubeの動画を投稿する

　YouTubeに投稿しているオリジナル動画も、FacebookページでØ投稿することが可能です。この場合は、**URLを投稿欄に入力するだけで、ニュースフィード上で動画を見ることができます**。YouTubeのWebサイトに飛ぶこともないので、ユーザーにとっても非常に親切なしくみになっています。

❶ 投稿したい動画のYouTubeのWebページを表示して、＜共有＞をクリックします。

❷ 共有用のURLが表示されるので、そのURLをコピーします。

❸ ＜ステータス＞をクリックします。

❹ 投稿する文章を入力し、YouTubeのURLをペーストします。

❺ ＜公開＞をクリックします。

❻ YouTubeの動画が表示されます。

 アップロードできる動画形式

Facebookではさまざまな動画形式に対応していますが、MP4またはMOV形式をおすすめします。また、動画の長さは最長60分、ファイルのサイズは最大2.3GBまでアップロード可能です。

Section

030

基本テクニック

第3章 確実におさえる！Facebookページの投稿機能

Webページを投稿する

Facebookページでは、WebサイトのURLを同時に投稿することができます。Facebookページからうまくブログなどのページに誘導していけるようにしましょう。

▶ Webページ投稿の表示のされ方

　FacebookページにWebページを投稿するには、通常の投稿と写真カルーセル（P.85参照）の2種類の表示方法があります。Webページ内に、**印象的な写真が複数枚ある場合は、写真カルーセル（複数画像）の投稿をしていきましょう**。ただし、複数枚の写真を投稿できるからといって無理に画像を複数にする必要はありません。ユーザーに、**いかに印象に残すことができるかどうか**がポイントです。

▼通常のWebページ投稿

▲ OGPで設定された画像とテキストなどが自動的に表示されます（OGPはSec.057で解説します）。

▼写真カルーセル

▲ 写真カルーセル（画像複数枚）で投稿すると、複数の写真が表示されます。

MEMO　Facebookページとブログの使い分け

Facebookページとは別にブログも運営している場合、Facebookページとブログに投稿する記事を2種類準備するのか同じ内容の記事を投稿してもよいのかという点に迷うかと思います。基本的には、2種類の投稿記事を準備することをおすすめしています。

Web ページを投稿する

　Facebook に限らず **SNS と Web ページの連携は、これから重要性を増していきます**。基本的に、SNS は投稿が流れていってしまうので、長文には不向きです。しっかりと情報を提供できる Web ページを SNS で拡散していきましょう。

❶ 投稿したい Web ページの URL をコピーしておきます。

❷ ＜ステータス＞をクリックします。

❸ 投稿文を入力し、コピーした URL をペーストします。

❹ Web ページに設定されていた内容が投稿時にどのように表示されるかを確認します。またこのとき、写真カルーセル表示になる場合があります。その場合は P.85 を参照してください。

❺ ＜公開＞をクリックします。

❻ Web ページが投稿されます。

Webページの説明を編集する

投稿する前に、**Webページに事前に設定された内容を編集することも可能**です。投稿文の内容によっては、編集したほうがよいケースもでてきます。ファンにとって、**有益になること**を考え、必要に応じて編集しましょう。

❶ P.83の手順❶～❸を参考にURLを入力すると、WebサイトのOGPを自動的にFacebookが読み取り、投稿フォームにWebページの内容が表示されます（Sec.057参照）。

❷ Webページのタイトルを修正したい場合は、タイトル部分をマウスオーバーします。

❸ 色が付いた部分をクリックすると修正できるようになるので、文字を修正します。

❹ 同様に説明文を修正したい場合は、説明文のエリアにマウスオーバーしてクリックすれば修正できます。

写真カルーセル表示にする

　Web 上に複数のインパクトのある写真、紹介したい写真がある場合は、**複数のサムネイルを同時に投稿することが可能なカルーセル形式の投稿**をしてみましょう。

❶ P.83 の手順❶〜❸を参考に、投稿する Web ページの URL をフォームに入力します。

❷ + をクリックします。

❸ 写真が保存されたフォルダが開くので、投稿したい画像を選択して＜開く＞をクリックします。

❹ 写真にカーソルを合わせて🔲をクリックすると、写真をクリックしたときに表示される Web ページを変更できます。

❺ ＜公開＞をクリックします。

第3章 確実におさえる！Facebookページの投稿機能

Section 031 コメントに返事をする

基本テクニック

投稿にコメントを付けてくれるファンは、ファンの中でも自社の商品に強い興味がある人たちです。このような人たちと積極的にコミュニケーションをとることが重要ですので、コメントには必ず返信しましょう。

コメントに返信する

投稿に**コメントが入ったら必ず返信するように**しましょう。コメントをくれるのは、「いいね！」をしているだけのファンよりも、商品に興味があるだけでなく、**積極的にコミュニケーションをとりたがっているファン**です。このようなファンにとって、ページから返信があるということは**非常にうれしい体験**ですので、その積み重ねが売り上げにつながっていきます。より熱心なページのファンになってくれるかもしれません。

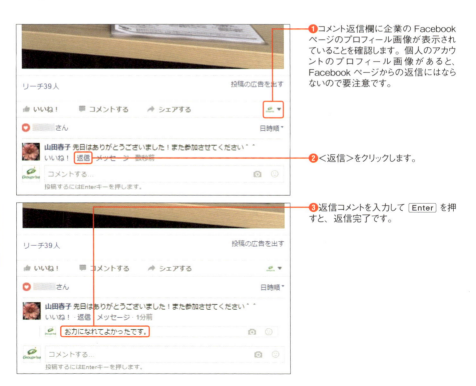

❶ コメント返信欄に企業のFacebookページのプロフィール画像が表示されていることを確認します。個人のアカウントのプロフィール画像があると、Facebookページからの返信にはならないので要注意です。

❷ ＜返信＞をクリックします。

❸ 返信コメントを入力して Enter を押すと、返信完了です。

投稿されたコメントを編集する

投稿した**自分のコメントは編集や削除が可能**です。また、ファンのコメントを**非表示**にすることもできます。とくに、ファンのコメントで内容に不適切な内容が含まれていたり、個人情報などの**公開されるべきでない内容があった場合には、そのコメントを非表示にする**ようにしましょう。

▼自分のコメントを編集・削除する

❶コメントの上にマウスオーバーすると表示される⌄をクリックします。

❷コメントを編集するには、＜編集＞をクリックします。

❸入力フォームが表示されるので、修正したいコメントを入力して[Enter]を押します。

❹手順❷で＜削除＞をクリックし、＜削除＞をクリックすると、コメントを削除できます。

▼ファンのコメントを非表示にする

❶非表示にしたいコメントの上にマウスオーバーすると表示される⌄をクリックします。

❷＜コメントを非表示にする＞をクリックします。

Section 032

第3章 確実におさえる！Facebook ページの投稿機能

メッセージに返信する

基本テクニック

ページを見ているユーザーから、ページやサービスなどに関するさまざまな質問が送られてくることがあります。これらのメッセージには迅速に適切な回答をするように心がけましょう。

メッセージに返信する

　Facebook ページ側からは、ユーザーに直接メッセージを送信することができません。これは、メッセージを無制限に送ることができるようになると、宣伝メッセージがあふれユーザーにとって好ましい環境でなくなるという観点からそのような仕様になっています。ただし、**ユーザー側から Facebook ページにメッセージを送ってくれた場合は、直接メッセージを送ることできます**。

　ユーザーは、Facebook ページのこと、もしくはサービスや企業についての質問などを送ってくることがあります。わざわざユーザーから連絡をとってくるということは、**自社のサービスに非常に関心が高い**ということなので、できるだけ早く適切な返信をしてあげるようにしましょう。

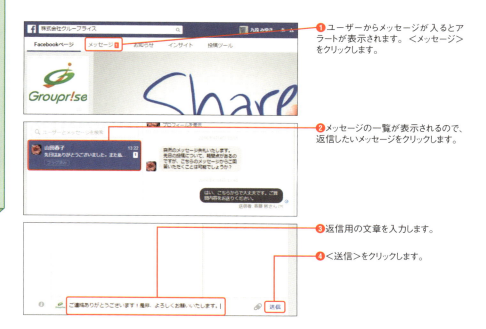

❶ ユーザーからメッセージが入るとアラートが表示されます。＜メッセージ＞をクリックします。

❷ メッセージの一覧が表示されるので、返信したいメッセージをクリックします。

❸ 返信用の文章を入力します。

❹ ＜送信＞をクリックします。

受信したメッセージを管理する

受信したメッセージはすべて**「受信箱」**に格納されます。返信のし忘れを防ぐためにも、メッセージ管理は非常に重要です。下記の機能を活用し、メッセージを整理しましょう。

❷メッセージにフラグを立てる

重要なメッセージ、未回答のメッセージに**フラグを立て、回答忘れがないように**します。

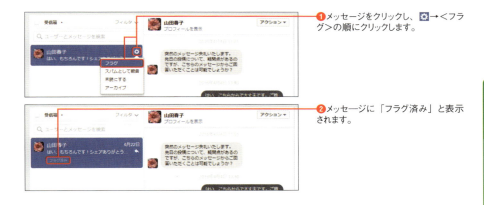

❶メッセージをクリックし、⚙→＜フラグ＞の順にクリックします。

❷メッセージに「フラグ済み」と表示されます。

❷メッセージをアーカイブに移動する

ユーザーとのやりとりが終了したら**ステータスを「アーカイブ」に変更**すると、未回答のメッセージと区別できます。

❶メッセージをクリックし、⚙→＜アーカイブ＞の順にクリックすると、アーカイブに移動できます。

❷＜受信箱＞をクリックして＜アーカイブ＞をクリックすると、アーカイブに移動したメッセージが表示されます。

Section 033　基本テクニック

第3章　確実におさえる！Facebookページの投稿機能

日付を指定して予約投稿する

投稿は、多くのファンがFacebookにアクセスしている時間帯に行うことが重要です。しかし、その時間帯に投稿できるとも限らないので、投稿の事前予約機能を活用しましょう。

日時を指定して投稿する

投稿予約の機能がFacebookページに実装されてから、非常に運営が楽になりました。新商品の発表やキャンペーンの告知など、投稿できる日時が指定されている場合、あらかじめ**日時をセットして予約することが可能**です。また、後ほど紹介するインサイトを見ると、ファンがFacebookにアクセスする時間帯を確認することができます（P.169参照）。その時間帯に投稿をすれば**見てもらえる可能性も高くなる**ので、うまく投稿予約機能を使って売り上げにつながる投稿をしていきましょう。

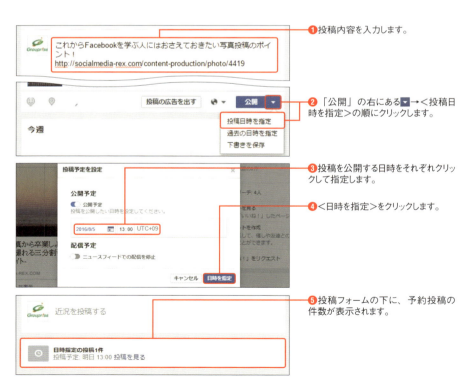

❶投稿内容を入力します。

❷「公開」の右にある▼→＜投稿日時を指定＞の順にクリックします。

❸投稿を公開する日時をそれぞれクリックして指定します。

❹＜日時を指定＞をクリックします。

❺投稿フォームの下に、予約投稿の件数が表示されます。

予約投稿の内容を確認・修正する

投稿予約の内容は、**あとから内容や日時の修正をすることも可能**です。

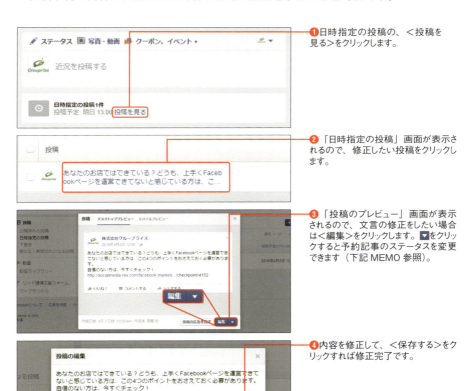

❶日時指定の投稿の、＜投稿を見る＞をクリックします。

❷「日時指定の投稿」画面が表示されるので、修正したい投稿をクリックします。

❸「投稿のプレビュー」画面が表示されるので、文言の修正をしたい場合は＜編集＞をクリックします。▼をクリックすると予約記事のステータスを変更できます（下記 MEMO 参照）。

❹内容を修正して、＜保存する＞をクリックすれば修正完了です。

予約記事のステータス変更

手順❸で▼をクリックすると、以下の5点へのステータス変更が可能です。
- **公開**：今すぐ公開できます。
- **掲載予定を削除**：掲載予定ではなく、「下書き」というステータスに変更されます。一定の時間まで確認が必要な場合など、間違っても公開したくない場合に利用しましょう。
- **日時を再指定**：投稿を公開したい日時を変更することができます。
- **過去の日付を設定**：過去の日付で投稿できます。なお、時間の指定まではできません。
- **削除**：記事を削除します。

Section

034 ノートを投稿する

基本テクニック

Facebookページには、ある一定のボリュームの文章を保存しておくために「ノート」というアプリが用意されています。これはブログのようなもので、伝えたい文章が長文になるような場合に利用します。

ノートを投稿する

Facebookページの通常の投稿では、長い文章を読むという目的には適していません。画像も入れて長文でしっかりと自社のメッセージを伝えたい、かつFacebookでのシェアも狙いたい場合は「ノート」を利用するとよいでしょう。

❶＜クーポン、イベント＞をクリックします。

❷＜ノート＞をクリックします。

❸ノートの入力画面が表示されます。タイトル、記事本文を入力します。＜ドラッグまたはクリックして写真を追加してください＞をクリックすると、写真を追加できます。

❹＜公開＞をクリックします。

❺タイムラインに反映されます。

第4章

顧客と直接つながる! Facebookページへ「いいね!」をもらう方法

Section 035	「いいね!」をもらうことでファンに情報を直接発信できる
Section 036	Facebookページの「ターゲット」を明確にする
Section 037	実店舗の客に「いいね!」をもらうためには?
Section 038	ブログなどにFacebookページへの入口を作成する
Section 039	メルマガでFacebookページを宣伝する
Section 040	新規ファンを獲得するためには?
COLUMN	Facebookページと個人アカウントの使い分け

Section 035 ファンの獲得

第4章 顧客と直接つながる! Facebook ページへ「いいね!」をもらう方法

「いいね!」をもらうことでファンに情報を直接発信できる

Facebookページを作成し、投稿に関する機能も理解したら、次はファンを集めていかなければなりません。ここでは、「いいね!」をもらうことでどのように売り上げにつながるかを紹介します。

「いいね!」をもらうということ

今日あなたは何社の企業の広告を目にしましたか?テレビのCM、新聞広告、電車での中吊り広告から電車のラッピング広告と、朝起きてから数多くの広告を目にしていると思います。しかし、その内容を覚えている広告はありますか?おそらくほとんどの広告のメッセージは覚えていないでしょう。それだけ身の回りには膨大な量の、自分に関心のない情報があふれているのです。**企業が消費者にメッセージを届けるというのは、本当に至難の業**になってきました。

そのような中でFacebookは、Facebookページに「いいね!」をもらうことで消費者とつながり続けることができるしくみを考えました。この「いいね!」というしくみによって、**消費者は興味のある情報を定期的に受け取ることができ、企業側も顧客になるかもしれない人と定期的に「つながり」続けることができるようになった**のです。

オトナノセナカ Facebook ページ
▶URL https://ja-jp.facebook.com/otonanosenaka/

▲ 今や NPO 法人などの非営利団体でも、消費者にメッセージを届けるための Facebook ページを持つ時代になっています。

ニュースフィードに投稿が流れることの利点

　Facebookのニュースフィードには、Facebookでつながっている友達の投稿やシェアされたブログ記事などが流れてきます。親しい友達の投稿などの身近な情報が流れてくるので、ニュースフィードを楽しみにしている人も多いでしょう。

　これらの情報と同じように、**Facebookページで投稿されたコンテンツは「いいね！」をくれた人（＝ファン）のニュースフィードに表示されます**。つまり、ファンの友達の投稿の間にページの投稿が流れてくるということです。ファンが常にチェックをしているニュースフィードに投稿が流れるということは、投稿をチェックしてもらえる可能性が高まることを意味します。

　従来のWebサイトやブログなどは、ユーザーに検索などをしてもらって探してきてもらう必要がありましたが、**Facebookページの投稿は、「いいね！」をもらえさえすれば、ニュースフィードに投稿が流れます**。これは、Facebookページの大きな利点です。

▲ ファンの友達のアクティビティの間に、ページの投稿が表示されます。友達のアクティビティと同じくらい、ファンの関心をそそる投稿をしていかなければなりません。

見込み客やリピート客をファンにするには？

Facebookページに「いいね！」をしてくれるファンは、2種類に分けられます。1つは、すでにあなたの商品・サービスを購入、利用したことがある**既存顧客**、もう1つはまだあなたの商品・サービスを購入したことがない**新規見込み客**です。

既存顧客に対しては、**すでにある接点を利用してファンになることをうながすこと**ができます。店頭であればPOPなどを使ってFacebookページの存在をアピールしたり、インターネット経由であればメールやWebサイトなどでページの告知をすることができるでしょう（Sec.037～039参照）。

▲ POPにQRコードを付けることも効果的です。

新規見込み客をファンにするのであれば、**もっとも有効なのはFacebook広告を利用すること**です（P.196参照）。Facebookでは投稿が拡散して自然にファンが増えることを期待する方も多いのですが、確実に多くの新規見込み客をつかまえるには、広告を利用することがもっとも有効です。

▲ Facebook広告は、ページ右側やニュースフィードに表示されます。

こうした施策を通して「つながる」ことができたファンに対して、どのような情報を届けるのかが次の課題です。**既存顧客がほしがっている情報は何か、新規見込み客がほしがっている情報は何かを考えていく必要がある**わけです。そして、当然難しいのは新規見込み客にどのような情報を提供するのか、でしょう。

 ## ファンを顧客にするには？

　Facebookページの大きな特徴は、何といっても**投稿した内容がファンのニュースフィードに表示される**ということです。その投稿に対して、コンスタントに「いいね！」がもらえるようであれば、その投稿が新規見込み客に受け入れられている証拠です。日々の投稿を通じて、ファンに商品・サービスを理解してもらい、競合他社との優位点を伝え、親近感を与えて「つながり」続けましょう。

　情報があふれている、そして競合他社も同じようにSNSを活用している状況の中で、もっとも重要なことは、ファンと「つながり」続け、**ファンに忘れられない存在になること**です。忘れられない存在になれば、いざニーズが出てきたときにアクションしてもらうことができます。つまり、Webサイトへの来訪、店舗への訪問につながり、最終的には売り上げのアップにつながるのです。

▲ ファンと「つながる」だけでは、すぐに売り上げにつながりません。理解してもらい、いかに行動に移させるかがポイントです。

Section 036 ファンの獲得

第4章 顧客と直接つながる！Facebookページへ「いいね！」をもらう方法

Facebookページの「ターゲット」を明確にする

ユーザーにとって興味ある情報が、インターネット上に満ちあふれている状態の中、ユーザーが見てくれる情報を発信するには、「あなたのため」という情報をいかに作れるかがポイントになってきます。

全員がターゲット＝誰にも届かない

　世の中には情報があふれています。とくにインターネット上では、その情報量が飛躍的に増えており、いかに情報をターゲットユーザーに届けられるがが問題になってきています。このような状況の中では、**情報が「その1人」のユーザーのためのものであることを示し、情報をいかに自分事化させられるかがキー**になってきます。

　そのためには、ターゲットを絞り込むことが重要です。しかし、中小企業の経営者とお話をすると、ターゲットは「このエリアに住んでいる人全員」とか「絞り込むことで見込み客を減らすことはない」という返答がくることが非常に多くあります。確かに、ターゲットを絞り込むことで見込み客が減ってしまうという恐れはありますが、反対に**ターゲットを絞り込まなければ、本当に情報を伝えたい見込み客にさえ情報が伝わらなくなってしまいます。**

　本当に情報を伝えたい見込み客向けのメッセージを作ることができれば、その周辺の見込み客にも情報は伝わります。一番怖いのは万人向けのメッセージを作り続けることであることを、肝に銘じなくてはなりません。

▲ 情報があふれている状態では、企業はユーザーの興味ある情報を発信しなければ、ユーザーは見向きもしてくれないでしょう。

実際の顧客からターゲットを考える

それでは、どのようにしてターゲットを絞り込めばよいのでしょうか？もっともかんたんな手法は、**現在、もっとも購入してくれる顧客の属性を洗い出し、その人をターゲットとする方法**です。

- その顧客の顔をすぐにイメージすることはできますか？
- 男性ですか？女性ですか？
- 年齢は？お住まいは？
- その顧客は、いつも何をお求めになりますか？
- なぜ、その商品を選ばれるかわかりますか？
- 何時に、誰といっしょに来店されますか？
- なぜ、あなたのお店に来てくれるのでしょうか？
- あなたのお店を知ってくれたきっかけは何でしょうか？

上記のような情報を集めて書き出しましょう。これらの情報を書き出すことで、ターゲットが明確になったのではないでしょうか？

◎ 常連の顧客をファンにするメリット

現在、もっとも購入してくれている顧客には、ぜひ、Facebookページのファンになってもらいましょう。実店舗の顧客にファンになってもらう方法はP.102で紹介しますが、**常連の顧客がファンになってくれることには大きなメリットがあります**。

実店舗の場合、常連の顧客の友人には、同じエリアにお住まいの方も多いでしょうし、同じような嗜好の方が多いとかんたんに推測できます。そうした**常連の顧客の友人が、次の顧客候補**です。実際、常連の顧客にクチコミで自分たちの店舗のことを紹介してもらいたいと思っている店舗のオーナーは多いでしょう。

Facebookページでは、ファンに「いいね！」をしてもらうことで、ファンの友達に情報が拡散する可能性があります。常連の方がFacebookページのファンとなり、その友人に投稿が拡散することで、お店のことを常連の方の友人に認知させることができるのです。

このしくみを利用すれば、新規の売り上げを見込めます。いかに既存の顧客にファンになってもらい、その人が自分事と思える投稿を考え、運営していくかが重要なのです。

ペルソナを作りイメージを深める

　ターゲットの属性をイメージできましたか？次にそのターゲットの属性など P.99 で書き出した情報を、Facebook ページを運営するスタッフ全員で共有できるようにしましょう。**投稿を考えるスタッフ全員がターゲットの属性を共有**していないと意味がないので、全員が同じ人をイメージできるようになるとよいでしょう。

　また、同じイメージをより深く共有するために、その人に名前を付け、性別や年齢、居住地、さらに職業や家族構成、趣味までも想像しておくとよいでしょう。**いかに、そのターゲットの興味あることや悩みごとをイメージできるかが、反応を得る投稿を作るうえでのポイント**になります。

　このように理想の顧客像を作り上げていくことを**「ペルソナを作る」**といいます。作り上げるペルソナは、実在の人物である必要はありません。1 人の顧客がすべての理想的な条件を満たすことはないため、実際の顧客をイメージしたり、その方との会話などから設定していきたい情報を収集し、ペルソナを作っていきます。

▼ペルソナの例：iPhone を利用しているママ

年齢：36 歳
世帯年収：595 万
仕事：パート
子ども：3 歳の娘が 1 人
買い物：雑貨、インテリアショップで買い物をする。エスニック系が好き
興味：「子育て」「料理」「アジア」「旅行」「美容」「ファッション」
イメージ：「家庭的」「自由」「アクティブ」

ターゲットをFacebookページのファンにする

ペルソナを作り、ターゲットが明確になってきたら、ターゲットとなる人たちにFacebookページの存在を知らしめ、ファンになってもらわなければなりません。では、ターゲットに定めた人をどのようにして集めればよいのでしょうか？

その集め方は2つに分けられます。1つ目は**実際の来店者など、リアルに接触できる人を集める方法**で、2つ目は**Facebook広告を使う方法**です。それぞれ下記のような特徴があります。

	告知人数	Facebook利用	費用
実際の来店者を集める	少ない	利用しているかどうかわからない	告知方法による（口頭で伝えるだけなら無料）
Facebook広告を使う	多い	利用している	出稿費、制作費

このような違いがあるので、基本的には両方の施策を実施するようにしてください。実際の顧客だけがファンになってくれていても、なかなか新規客が増えませんし、Facebook広告だけでも既存顧客の取り込みができません。うまくバランスを見ていくことが重要です。

実際の来店者をFacebookページのファンにするには、**どのような投稿をしているのかを伝えられるようなツールを準備しておくとよいでしょう**。カードやPOPなどを作成しているお店もあるようです。また、対面で顔を合わせているので「Facebookページにいいね！してくださいね」とひと声かけてみてください。ひと声かけるタイミングは待ち時間を狙うことがポイントです。メニューを選んでから食事が来るまでのすきま時間、レジ待ちのすきま時間にひと声かけると効果的です。

◀ 顧客の待ち時間は、Facebookページの告知に効果的に使えます。

Facebook広告については、第7章で詳しく解説しますが、**国内のFacebook利用者約2,400万人の中でターゲットとなる条件で絞って広告配信が可能**です。広告なので費用がかかりますが、確実に多くのユーザーの中からファンを集めることができるので、非常に有効です。

Section 第4章 顧客と直接つながる！Facebookページへ「いいね！」をもらう方法

037 実店舗の客に「いいね!」をもらうためには?

ファンの獲得

Facebookページのファンを売り上げにつなげていくためには、すでに商品・サービスを体験した人にリピートしてもらうのが一番です。実際に来店してくれた顧客をファンにする手法を紹介します。

来店した顧客にFacebookページをおすすめする

来店してくれた顧客には商品を説明したり、メニューを確認したり、お会計をするなど、さまざまな場面で会話をすることがあると思います。

そのときに、できるだけスマートにFacebookページを運営していることをお知らせし、**ファンになることのメリット**を伝えられるとよいと思いませんか？そういった際、「いいね！」をもらうには2つのポイントがあります。

1. 待ち時間を利用してアクションをしてもらう

料理が運ばれて来るまでの待ち時間やレジを打っているときの**ちょっとした待ち時間に、Facebookページを告知する**ことができれば、その待ち時間を使ってアクセスしてくれる可能性があります。

2. ページの魅力を伝え、かんたんに「いいね！」がもらえるようなPOPを作る

Facebookページではどのような投稿をしているのか、ファンになるメリットなどを記載し、**QRコードなどを使ってかんたんに「いいね！」できるようなPOPを作っておく**とよいでしょう。

◀ 各テーブルにPOPを置いておけば、顧客の誰もが目にすることになります。

QRコードを作成する

　FacebookページのQRコードは、下記のようなQRコード作成サービスを利用すると、Web上でかんたんに作成できます。ダウンロードしたQRコードの画像を使ってPOPを作成しましょう。

　QRコードを作成するには、「QRコードを作成する文字列」にFacebookページのURLを入力して＜上記内容でQRコードを作成する＞をクリックします。

▶ URL
https://www.cman.jp/QRcode/

◀ 株式会社シーマンの運営する、QRコード無料作成サイトです。

❍ 正しいコードが作成されない場合

　正しいコードが作成されない場合は、Facebookページ固有で持っているIDを入力してみましょう。FacebookページのIDは、＜基本データ＞→＜ページ情報＞の「FacebookページID」で確認するか、ページにアップした写真のURLで確認できます。

▲ URLの「/photos/」のうしろが写真のありかを示すものです。たとえば、写真のURLが「https://www.facebook.com/grouprise.co/photos/a.1599049270415318.1073741828.1590893404564238/1604355633218015/?type=3&theater」の場合、このページのIDは「1590893404564238」です。「https://www.facebook.com/1590893404564238」を入力してQRコードを作成しましょう。

Section 038 ファンの獲得

第4章 顧客と直接つながる！Facebookページへ「いいね！」をもらう方法

ブログなどにFacebookページへの入口を作成する

運営しているブログや自社のWebサイトには、サービスに興味ある人が集まってきています。その来訪者に向けてFacebookページの存在をお知らせして、「いいね！」をもらいましょう。

ブログなどの読者に「いいね！」をもらう

自社のWebサイトやブログには、自社の商品やサービスに魅力がある人が訪れます。その人たちにFacebookページの存在を知らせない手はありません。Facebookは外部のWebサイトやブログなどからでもFacebookページにかんたんに「いいね！」できるようなツールを用意しています。

▲ ブログやWebサイトにFacebookへの導線を設置できます。

　WebサイトやブログでこのようなツールをⅠにしたことはありませんか？これは、Facebookのソーシャルプラグインの**「ページプラグイン」**というツールです。Facebookページで投稿した内容が即時反映されるだけでなく、どのような人がファンになっているのかが表示され、わざわざFacebookに訪問しなくても、この場で「いいね！」をすることができます。手軽にアクションできるので、**多くのブログやWebサイトでは、Facebookページのファンを増やすために利用しています**。

　もちろん無料で利用でき、かんたんに設定することができるのでぜひ利用してください。

ソーシャルプラグインとは？

　ソーシャルプラグインとは、Facebook が提供している**「Web サイトなどに Facebook の機能などを追加するツール」**のことです。ソーシャルプラグインを利用することで、互いの連携を深めることができます。ソーシャルプラグインには、「ページプラグイン」以外にもいくつかあります。読者の皆さんも目にしているツールが多いかと思いますが、その特徴を理解したうえで積極的に利用していきましょう。

▼ Facebook for developers「ページプラグイン」

▶ URL https://developers.facebook.com/docs/plugins/page-plugin

▼ 主なソーシャルプラグイン

いいね！ボタン	Web 上のコンテンツ、ブログ記事に付けられるボタンです。ニュースフィードに流れてくる投稿の「いいね！」ボタンと同様の機能を持ちます（Sec.056 参照）。
シェアボタン	シェアボタンも Web 上のコンテンツ、ブログ記事などに付けることができ、ボタンを押すとシェアを行えます（Sec.053 参照）。
送信ボタン	特定の友達にサイトの URL とともに、Facebook メッセージを通してメッセージを送ることができます。
埋め込み投稿 (Embedded Posts)	「埋め込み投稿」は、Facebook ページの投稿をかんたんに外部のサイトやブログなどに貼り付けることができる機能です。
コメント (Comments)	ブログ記事などにコメント入力フォームを設置し、Facebook アカウントでコメントを入れることができます。
フォローボタン	Facebook 上に公開されている個人アカウントの投稿を購読することができるボタンです。

 MEMO　Like Box の廃止

2015 年まではページプラグインと同様の機能を持った「Like Box」というソーシャルプラグインがありましたが、現在は廃止されています。

「ページプラグイン」を設置する

　ソーシャルプラグインの中でも、**Facebook ページのファンを増やすためには「ページプラグイン」がもっとも有効**だといわれています。「ページプラグイン」は Web サイトやブログにかんたんに設置でき、Facebook ページの**「いいね！」ボタンと投稿記事、すでに「いいね！」をしているファンのプロフィール写真を同時に表示させるツール**です。

　この「ページプラグイン」は Facebook ページに訪問しなくても、その場で「いいね！」ボタンを押すことができるので、ファン獲得には非常に有効です。費用もかからないので、Web サイトやブログを持っているのであれば、必ず設置するようにしましょう。

❶「https://developers.facebook.com/docs/plugins/page-plugin」にアクセスします。

❷プレビューを見ながら各項目を設定していきます。項目の詳細については下記の表を参考にしてください。

Facebook の URL	設定する Facebook ページの URL を入力します。
タブ	投稿のタイムラインを表示しない場合は、ここを空欄にします。
幅	表示するエリアの横幅のサイズを設定します。初期設定では 340pxl になっており、180 ～ 500 の間でサイズを変更できます。
高さ	表示するエリアの高さのサイズを設定します。初期設定では 500pxl になっており 70 以上に設定することができます。
スモールヘッダーを使用	カバー画像のサイズを小さくすることができます。
カバー写真を非表示にする	カバー画像を隠すことができます。
plugin container の幅に合わせる	自動で横幅を設定します。オンにしておくとよいでしょう。
友達の顔を表示する	「いいね！」をしているファンのプロフィール画像が表示されます。

❸＜コードを取得＞をクリックします。

❹ソースが2種類表示されます。まずはStep2のソースをWebサイトやブログの＜ body ＞タグの始まる部分のすぐ下に貼り付けます。

❺続いてStep3のソースをWebサイトやブログの「ページプラグイン」を表示させたいエリアに貼り付けます。

WordPressの場合

WordPressの管理画面にログインし、「外観」→「ウィジェット」へと進みましょう。そこで、新たに「テキスト」を追加して、Step2で取得したCodeを貼り付けて設定したい場所に「テキスト」を持っていきましょう。設定後は、きちんと掲載されているか確認してください。

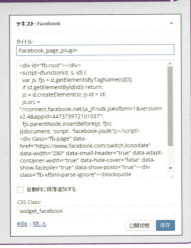

第4章 顧客と直接つながる! Facebookページへ「いいね!」をもらう方法

メルマガでFacebookページを宣伝する

ファンの獲得

Facebookページをより多くの人に知ってもらうには、メルマガで宣伝をすることも有効な手法です。ここでは、宣伝をする際のポイントを紹介します。

来店した顧客のデータがある場合

あなたは、来店した顧客の情報を持っているでしょうか？もしメールアドレスなどを取得している場合は、そのユーザーに対して**メールマガジンでFacebookページオープンの告知をしましょう**。たとえば、ECサイトを運営し、購入者のメールアドレスを取得している場合などには、メールマガジンでの告知は非常に有効です。

ただし、このとき単に「Facebookページ始めました」といった文章で告知してはいけません。企業側がファンのことを考えず、ファンを集めたいという意図が見え見えでファンを増やすことはできないでしょう。メールマガジンで告知する場合、**ファンになることのメリットや、どのような内容を更新するのかを明示することが必要です**。

企業活動の告知にしかなっておらず、ファンのことを考えていない

送信メール
Facebookページ始めました

ファンのメリットが明確に示されている

送信メール
Facebookページでは、○○制作の裏側やファン限定割引情報などを投稿していきます！

ファンのメリットを考えて文章にする

「冷やし中華　始めました」という謳い文句をよく目にします。これは見た人が「冷やし中華」がどういうものかすぐにイメージできるので効果的です。しかし、「Facebookページ始めました」だけでは、どのような内容のものかをイメージできる人は少ないでしょう。企業目線からファン目線へと思考を転換していくことが重要ですので、常にファンのメリットを考えて文章を考えるようにしていきましょう。

定期的にメールで情報を提供する

　メールマガジン読者でも、必ずしも毎回メールマガジンを購読してくれるわけではありません。**メールマガジンで定期的にFacebookページコーナーなどを作って、投稿内容などを告知していくとよいでしょう**。メールマガジンのFacebookページコーナーでは、以下のような情報を流すと有効です。

1. 一定期間内でもっとも「いいね！」がもらえた投稿の紹介
2. ファンになったときのメリットを感じられる投稿の紹介
3. 運営しているページの特性を感じられるような投稿の紹介

　Facebookページの投稿には、個別のURLが割り当てられているので、そのURLを使って直接投稿文を表示させましょう。

▼投稿文のURLを確認する

❶URLを確認したい投稿の投稿日時の部分をクリックします。

❷クリックした投稿だけが表示され、その投稿自体のURLが表示されます。このURLをメルマガにコピー&ペーストで貼り付けて送信しましょう。

Section 040

ファンの獲得

新規ファンを獲得するためには？

第4章 顧客と直接つながる！Facebookページへ「いいね！」をもらう方法

SNS＝クチコミというイメージを持っている方も多いと思います。ここでは、ファンを自然に増やすために重要な、立ち上げ当初のファンを獲得するための方法を紹介します。

SNSのファンは自然に増える？

新規ファンの獲得に、以下のようなイメージを持っている方は多いかと思います。

SNS → クチコミ → 拡散 → 自然にファンが増える

しかし、この考え方には大きな落とし穴があります。確かに、**Facebookページは、投稿に「いいね！」をしたり、シェアをすることで、そのアクションをした人の友達に投稿が拡散されます**。拡散された投稿を目にすれば、Facebookページの存在自体も広まるので、そこからファンが増えるということは容易に想像できます。

ただし、そこからファンになってくれる可能性はそれほど高くありません。おそらく、1％もないのではないでしょうか。もちろん、運営力によって異なるものなので一概にはいえませんが、**いくら多くの人が目にしたとしても、急激にファンが増えることはないでしょう**。

1. ファンが投稿を見る

2. その投稿に「いいね！」などをする

3. そのアクションをしたファンの友達に投稿が拡散される

4. その友達が投稿に共感する

5. 共感したので、そのページに「いいね！」をする

▲ 投稿がファンの友達に拡散し「いいね！」をしてくれる流れが理想的ではありますが……。

ファンが投稿に「いいね！」やシェアをしてくれると、その投稿のリーチは増えるわけですが、シェアされた投稿を見てもすべての人がページのファンになってくれるわけではありません。むしろ、「いいね！」をしてくれる可能性は非常に低いでしょう。投稿が拡散され、新たなファンを作るまでにはハードルがあるので、**拡散からファンを作り出すためには、そもそも拡散してくれるファンが多くなければいけません。**

新規見込み客を集めるFacebook広告

新規見込み客を集めるには、Facebook広告を利用するのがもっとも有効です。**いくら費用をかけるのか、広告の配信期間をどうするのか、すべて自分たちで設定することができる**ので、試しに少額でスタートして、どのくらいお金をかければどのくらいファンが増えるのかをチェックしながら広告を運用していきましょう。詳細は第7章で解説しますので、ここでは**「なぜFacebook広告が有効なのか」**を説明します。

❷ なぜFacebook広告が有効なのか

Facebook広告の一番の特徴は、**広告配信するユーザーを細かくセグメントすることができる**ということです。ターゲットを詳細に決めていれば、そのターゲットに合わせて効率的な広告配信ができます。

▼ Facebook広告の配信画面

◀ 性別、年齢、居住地などを設定できるので、実店舗に来店する可能性があるユーザー、ビジネスの対象となるユーザーをセグメントして、広告を配信できます。

◀ 左の画面のように、趣味や関心事などでも指定することができます。ほかにも学歴や子どものあるなし、スマートフォンを持っているかどうかなどでも広告の配信先を設定できます。

COLUMN

Facebookページと個人アカウントの使い分け

Facebookページは個人アカウントに対して以下の違いがあります。

1. つながれる数が無制限
2. 広告が出稿できる
3. 投稿内容の分析ができる

1は、個人アカウントでは5,000人までしか友達を作れませんが、**Facebookページのファンの数に上限はありません**。

2について、売り上げを上げていくうえで新規顧客を獲得することは非常に重要です。多くの企業にとっては**露出度アップが課題**なので、Facebook広告を利用してターゲットとなる人に一斉に認知させることができるかどうかは、非常に大きな違いになります。

3について、Facebookページには**「インサイト」**というページの分析機能がついています。投稿した内容がファンに受け入れられているかどうか、どの時間帯にファンはFacebookを利用しているかといった情報が無料でわかります。

Facebookはあくまでも現実世界の延長線上にある存在なので、**「Facebookページ＝会社」「個人アカウント＝個人」という認識で運営するようにしてください**。ただし、個人事業主では、会社と個人の境があまりない方もいます。その場合、これからFacebookを活用していきたいのであれば、2や3の理由からFacebookページの活用をおすすめします。個人のアカウントでは、プライベートな投稿だけでなく、Facebookページの投稿もシェアしていくとよいでしょう。そして、リアルで接点があった人とだけ、個人のアカウントでも「友達」になっていきましょう。Facebookページのほうでは、商品・サービスに特化しつつも、その周辺の情報を流していきましょう。

顧客に情報を発信する！
利益につなげる記事の投稿方法

Section 041	投稿の「狙い」を意識する	
Section 042	投稿の目的を知る①「ファンを顧客にする」	
Section 043	投稿の目的を知る②「ファンとつながり続ける」	
Section 044	記事表示の有無を決める「エッジランク」とは？	
Section 045	エッジランクを上げるための投稿方針	
Section 046	特定の属性のファンに投稿を届ける	
Section 047	記事は毎日投稿する	
Section 048	印象的な写真でユーザーの目を奪う	
Section 049	感情を揺さぶる写真を付けて親近感を出す	
Section 050	写真の表示順にこだわって印象をアップする	
Section 051	季節感を出した記事にする	
Section 052	スマートフォンユーザーを意識して記事を作る	
Section 053	「シェア」のしくみと効果とは？	
Section 054	自社のブログ記事をFacebookページでシェアする	
Section 055	個人アカウントと連携して記事を広める	
Section 056	ブログの記事やWebページに「いいね！」ボタンを付ける	
Section 057	「いいね！」の効果を最大化するブログ＆ホームページ設定	
Section 058	イベント開催でファンとの親密度を上げる	
Section 059	イベントを作成する	
Section 060	イベントを告知し、集客していくために	

Section 041 投稿のコツ

第5章 顧客に情報を発信する！利益につなげる記事の投稿方法

投稿の「狙い」を意識する

Facebookページにとってよい投稿とは何でしょう？さまざまなソーシャルメディアのノウハウサイトを参考にして投稿をしても、うまくいかないのは全体の設計が足りないからです。

商品を購入するまでに顧客は何を考えているのか

最近**カスタマージャーニー**という言葉をよく耳にするようになりました。カスタマージャーニーとは、顧客がどのように商品やサービスのことを知り、関心を持ち、購入にいたるのかを「旅」に見立てた言葉で、**顧客のことをよく知り、それぞれに応じた情報やサービスを提供していこう**、というものです。

Facebookページのファンになってくれた人の中でも、今すぐ購入したいという人より、ちょっとチェックしておいて、いざとなったときに購入を検討しようと考えている見込み客のほうが大多数でしょう。そのような人たちがファンになっているとしたら、実際の購入に至るまでに、どんな情報を提供すればよいのでしょうか？

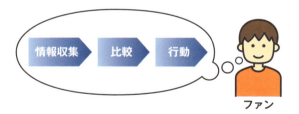

◀ ファンのニーズから購入までの流れをイメージし、その中で、どのような投稿でファンを引き付けていけるかを考えましょう。

上図のカスタマージャーニーは、比較的金額が高い商品の例です。金額が高く、衝動買いするようなものでなければ、顧客はまず商品を認知したあと「情報収集」をして、ほかの商品と「比較」を行うでしょう。そのあとで、購入に向けて「行動」を行うと推測できます。Facebookページに投稿するコンテンツは、このような見込み客の段階に即して、そのときどきの悩みや心配事に回答できるような投稿を作っていく必要があります。

しかしそれだけでは、少しおもしろみに欠けるページになってしまいます。**親近感を持ってもらえるような投稿や、ちょっとユニークな投稿も交えましょう**。このように、各投稿は漠然としたものではなく、それぞれの「狙い」を理解したうえで投稿する必要があります。

それぞれの投稿には「狙い」を持つ

投稿しても、なかなかうまくいかないというのは、投稿1本ごとに結果を見てしまっているからです。Facebookページでは、ファンとの良好な関係を作っていく必要があります。「良好な関係性」というのは、当然、投稿1本で築き上げられるものではありません。ファンが継続的に投稿を見ていく中で、徐々に良好な関係性が築かれていくのです。

● 投稿の3タイプと、投稿の割合

投稿には大きく3つのタイプがあると考えておくとよいでしょう。ファンが本当に知りたいこと、悩んでいることを解決してあげるタイプの投稿、ファンとの距離を近づける投稿、行動してもらう投稿の3つです。

商品の特性や運営の状態にもよりますが、「距離を近づける投稿」が全体の5割、「知りたいこと・悩みを解決する投稿」が全体の3〜4割、残りを「行動してもらう投稿」くらいのバランスで投稿することを、1つの目安にしてみてください。

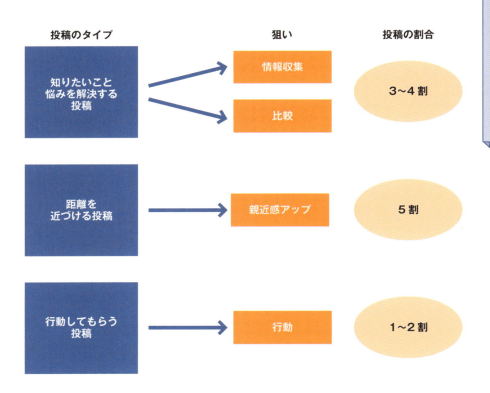

Section 042 投稿のコツ

第5章 顧客に情報を発信する！利益につなげる記事の投稿方法

投稿の目的を知る①「ファンを顧客にする」

Facebookページは売り上げの向上などを目的に運営されます。Facebookページに集まるファンと「良好な関係性」を築き、行動を起こしてもらい、顧客化するにはどうしたらよいでしょうか？

常に忘れられない存在でいる

　まず覚えておいていただきたいのは、大量情報時代の中で、他社と大きな差別化ができる商品・サービスはほとんどないということです。そのような時代の中で、知ってもらい、選んでもらい、購入してもらうには、どのようにすればよいのでしょうか？

　その答えは**「良好な関係性」を築き、「忘れられない存在」でいる**ということです。一度商品を認知してもらった見込み客や、商品の購入経験のある顧客から忘れられないような存在になっていなければ、その人が購入してくれる可能性は低くなってしまいます。

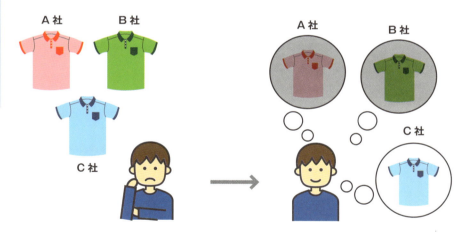

▲ 見込み客が商品を忘れてしまっては、一度認知されたとしても購入にまで至りません。

　日々、多くの情報を目にしている消費者にとっては、単発的な宣伝やPR活動は忘れられてしまう可能性が高いといえるでしょう。Facebookページでは、日々、投稿をすることで「忘れられない存在」になり、**消費者のニーズが顕在化したときに、行動してもらえるような状態を作り出す**ことができるのです。

購入をうながす投稿を行う

日々Facebookページに投稿し、その投稿をファンが目にしていれば忘れられるということはないでしょう。さらに、見込み客の思考に沿って投稿ができていれば、きっと、Facebookページを気に入ってくれます。探している情報を提供し、競合とは違うポイントをしっかりとアピールしつつ、親近感を持ってもらえているファンと常につながっていることができれば、**最後のひと押しとして「行動（購入）」をうながす投稿を交えていけばよい**でしょう。

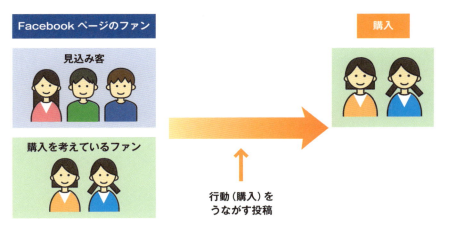

▲ Facebookページのファンの中には、実際に商品の購入を考えているファンもいます。そうしたファンに向けて、「行動（購入）」をうながす投稿を行います。

よく宣伝のような投稿は嫌われるとか反応が悪いという話を聞きますが、実際にはそうではなく、Facebookページのファンになっている人の中で、今すぐ購入したいと思っている人の割合が見込み客と比べて少ないというだけの話です。

ほかの投稿と比較すると、おそらく、「いいね！」やシェアなども少なくなるでしょう。でも、それでよいのです。**売り上げにつなげるための役割を持った投稿に、多くの「いいね！」は必要ありません。**「いいね！」をたくさんもらっても売り上げにはならないのです。

「ファン」になってもらうことを意識した投稿は、「いいね！」をたくさんもらえなければ失敗ですが、「行動（購入）」をうながす投稿は「いいね！」をもらえなくても気にしないでください。目的は投稿に「いいね！」をもらうことではなく、売り上げを上げることなのです。売り上げにつなげるために、良好な関係を築いておいて、週に1本か2週間に1本くらい、「行動」をうながすような投稿をしていきましょう。

Section 043

第5章 顧客に情報を発信する！利益につなげる記事の投稿方法

投稿の目的を知る② 「ファンとつながり続ける」

投稿のコツ

「ファンとつながり続ける」ためには、どのようにして「つながる」のか真剣に考えないといけません。ファンを理解し、求めていること、悩んでいることを推測し、それにマッチした投稿を考えましょう。

なぜこの商品を買ったのだろう？

あなたの商品を購入した人は、なぜその商品を買ったのでしょうか？その理由をユーザーアンケートなどで聞いたことはありますか？アンケートでは、商品の機能の特徴やデザインなどから聞いていくケースが多いようですが、その顧客に、**どのようなニーズがあったのかを聞くことが重要**です。たとえば、パソコンを例にとって考えてみましょう。

・使っていたパソコンの調子が悪くなった
・仕事をしていくうえで持ち運びのできるノートパソコンが必要になった
・進学祝いに息子がほしがっていた
・動画を見ることが増えてきて、性能をアップさせたい

などなど、**さまざまなニーズ**があってパソコンが購入されるわけです。
では、このようなニーズを持っている方がファンになったとき、どのような投稿をすればよいでしょうか？きっと顧客は購入する前に情報収集をし、複数のパソコンの機能・料金比較をするでしょう。Sec.041で説明した通りFacebookページの投稿を考えるときは、**ファンが探している情報のアンサーを投稿できるかどうかがポイント**になってきます。

◀「どんなウェディングドレスがあるんだろう」という興味・関心のある見込み客に向けた投稿です。

親近感を持ってもらうことが必要

　商品の差別化が難しくなってくると、大事になってくるのが**「商品を誰から購入するか」**ということだと思いませんか？読者の皆さんも商品を買うときに、「もし、何かあったときにきちんと対応してくれそうか？」「自分のことを知ってくれている人がいるお店で買いたい」と思ったことがあるかと思います。それはやはり、商品を購入するときに、**いかに気分よい商品購入体験ができるか**を、自然と求めているからだと思います。

◀ 投稿内に店員・スタッフの顔が見えると、ファンも親近感がわきます。

　たとえば、このようにスタッフが顔を出して投稿すると親近感がわきませんか？上記は、仙台にある結婚式場の投稿ですが、結婚式を挙げる人にとっては、どんなスタッフが対応してくれるのか心配ごとの1つです。そのような心配をしている人にとって、このように顔を出し、**親近感を持ってもらうこと**が、売り上げにもなり、「つながり」続けることができる投稿になります。

　ほかにも、Facebookページでしかわからない親近感のある投稿としては、お店の裏側を見せたり、お店の歴史や、季節感に合った投稿などが挙げられます。「つながり」続けるための投稿をいろいろと工夫してみてください。

Section 044 投稿のコツ

第5章 顧客に情報を発信する!利益につなげる記事の投稿方法

記事表示の有無を決める「エッジランク」とは?

ニュースフィードを見ていて、投稿しているはずなのに、あまり投稿を目にしない友達がいると感じたことはありませんか?ニュースフィードに表示される内容は、コントロールされているのです。

すべてのファンに投稿が届くわけではない

　ニュースフィードには、友達の投稿、参加しているグループの投稿、そして、広告などと並ぶような形でFacebookページの投稿が流れてきます。このニュースフィードはFacebookユーザーにとって、友達の近況を知るのに非常に便利な機能で、多くの方がチェックする基本機能です。

　実は、Facebookはニュースフィードをより魅力的なものにするために、**ユーザーの仲のよい友達や興味度の強いFacebookページの投稿を優先的に表示させています**。ただ単に時系列順に投稿が流れてくるわけではないのです。

▲ ニュースフィードには、「ハイライト」と「最新情報」があります。初期設定では、エッジランクが反映されている「ハイライト」が表示されています。

これを**「ハイライト」表示**といいますが、投稿された時間のほぼ時系列順に表示される**「最新情報」表示**という表示方法もあります。ただし、初期設定では「ハイライト」表示になっているため、**多くの人は「ハイライト」表示のニュースフィードを見ていると考えてよい**でしょう。

　では、どうすれば「ハイライト」表示に載るのか？そこには、Facebook独自のアルゴリズム「エッジランク」というものが関係しています。

エッジランクとは？

　エッジランクとは、ニュースフィードに表示される投稿の優先度をコントロールするアルゴリズムです。このアルゴリズムを計算することで、ユーザーのより興味のある投稿を優先して表示するようになっています。

▼エッジランクの方程式

$$\overset{\text{エッジランク}}{\sum} u_e \; w_e \; d_e$$

「親密度」×「重み」×「経過時間」

◀「エッジランク」を構成する要素は数多くありますが、主な要素として「親密度」と「重さ」と「経過時間」というものがあります。

　これがエッジランクを構成する数式です。式中の「u」は「親密度」、「w」は「重み」、「d」は「経過時間」を示しており、これらの3要素をすべて掛け合わせた値が高いほど、ハイライトに掲載されることが多くなります。ただし、この数式の詳細の部分はブラックボックスになっているので、どの数値をどれだけ上げれば確実に「ハイライト」表示に載せることができるという答えはありません。答えはありませんが、ファンとの「親密度」や投稿の「重み」を上げることは、理解していただけると思います。

◎親密度（Affinity Score）

　親密度とは、Facebookページとファンとの親密度、つまり**距離の近さを表す数値**です。この数値は、Facebookページに「いいね！」をして間もないときは高まります。また、投稿に対して「いいね！」やコメント、シェアをしたときや、投稿内のリンクをクリックしたり、投稿写真をクリックして拡大するなどのアクションがあると高まります。ファンのFacebookページに対するさまざまなアクションが親密度を高めるのです。

❷ 重み（Weight）

重みとは、Facebookページの投稿1つ1つに対して、**ユーザーからの反響度を数値にしたもの**です。各投稿の「いいね！」やコメント、シェアなどの数が多ければ多いほど、その重みの数値は高くなります。また、その反応の中でも、コメントやシェアのほうが「いいね！」よりも数値は高くなるようです。というのも、「いいね！」はコメントやシェアよりも気軽にできる分、その重みの数値は下がってしまうのです。あとは、テキストのみの投稿よりも写真付きの投稿、動画付きの投稿のほうが重みは増すといわれています。

❷ 経過時間（Time）

経過時間は、単純に投稿されてからの経過時間と投稿に「いいね！」などの反応が付いてからの経過時間です。やはり、**新鮮な情報のほうが価値が高い**という考えのもと、投稿してからの時間が短い投稿のほうがエッジランクは高まります。

Facebook以外のSNSでは、経過時間のみを基準に投稿が流れてくるものが多いので、それらSNSに慣れているユーザーからすると、かなり古い投稿がトップに表示されてびっくりする人も多いようです。しかしそれは、このような3つの要素がからまりあって、その表示順が決まっているからなのです。

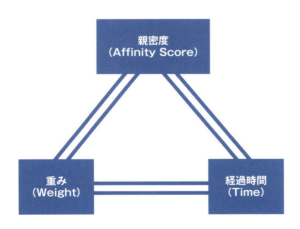

◀ エッジランクを構成する3要素を意識して投稿を考えましょう。

MEMO 友達間のエッジランク

Facebook上の友達間にもエッジランクは存在します。個人間であれば投稿などへのアクション以外にもメッセージのやりとりやタグ付けなども、エッジランクに大きく影響します。

ネガティブフィードバックにも注意する

　エッジランクを構成する要素は、当初、「**親密度**」「**重み**」「**経過時間**」という3つの要素を中心に、それ以外の細かい要素で構成されているといわれていました。しかし、その数式も常に進化しているといわれています。その中でも、最近、4つ目の要素として重要視されているといわれているのが**ネガティブフィードバック**というものです。ネガティブフィードバックとは、以下のようなものをいいます。

・**投稿を非表示**
このFacebookページからの投稿表示回数が減らされます。
・**○○のフォローをやめる**
このページからの投稿が表示されなくなります。
・**投稿を報告**
「不快または面白くない」「Facebookにのせるべきではない」「スパムである」などを選択できるようになります。

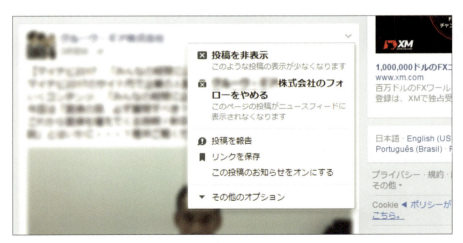
▲ 投稿右上の　をクリックすると、フィードバックを送信できます。

　ネガティブな反応があった投稿が多く発生するとエッジランクは下がってしまいますので、気を付けるようにしましょう。また、どの投稿にどれだけネガティブフィードバックがあったかは**「インサイト」**という管理ツールですぐに確認できます（P.164参照）。

第5章 顧客に情報を発信する！利益につなげる記事の投稿方法

Section 045

エッジランクを上げるための投稿方針

投稿のコツ

エッジランクを上げていくためには、いかに多くのファンから「いいね！」をもらえるのか、意識するのが一番よいと思われます。では、具体的にどのような投稿が多くの反応を得られるのでしょうか。

▶ ファンから反応をもらう投稿を作る4つのポイント

　Facebookページの投稿に多くの「いいね！」をもらうには、押さえておきたい4つのポイントがあります。この基本的なポイントを押さえたうえで、さらにオリジナリティがあり、**ファンが求めている投稿をしていきましょう。**

◎1.必ず写真を入れる

　ニュースフィードを見ると、Facebookページだけでなく、友達の投稿にも、ほとんど写真が付いています。また、**写真も大きく表示される仕様になっている**ので、ユーザーからすると写真を目で追っていきながら、その間の文章を見るような感覚ではないでしょうか。テキスト文章だけの投稿だと、写真の間に埋もれてしまいます。必ず写真を入れるようにしましょう。

◀ 投稿を目で追うユーザーにとっては、写真の存在が重要になります。

❷ 2.季節を感じさせる

　ユーザーが共感できるような内容の投稿ができると反応率は高まります。左ページの桜の写真のように日本の四季を感じさせるような投稿だけでなく、**多くの人が共感できるようなイベント（東京オリンピックや紅白歌合戦など）を投稿ネタとして活用**するのもよいでしょう。

❷ 3.投稿時間を考える

　エッジランクを高める要素の1つに「経過時間」がありますが、投稿する立場としては、**ファンがFacebookページを見ている時間帯に投稿**できれば、その「経過時間」を短くすることができます。

　ファンがFacebookを利用している時間は、Facebookページの解析ツール「インサイト」を見れば、かんたんに調べることができます。

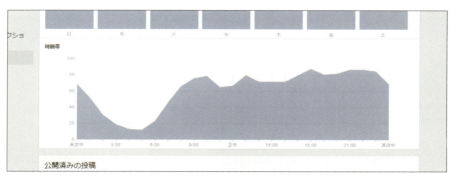

▲ インサイトからファンの行動する時間を推測できます。

　上の画面は、Facebookページの解析ツール「インサイト」にある、**「ファンがオンラインの時間帯」**のデータです（P.169参照）。これは、「いいね！」をしているファンが何時にFacebookページにアクセスしているかを示すものです。この数値を見て、ファンがアクセスする時間の「ピークの直前」に投稿すると、エッジランクの「経過時間」の数値を上げることができるでしょう。

❷ 4.ファンが興味をそそられる文章を考える

　文章を書くときには、できるだけ1行目にキャッチーな文章を入れることがポイントです。単純な写真の説明やブログの説明だけでなく、投稿を見たときのファンの状態・気持ちを考え、それに沿った投稿のコピーを考えてみてください。【】を使ったり、疑問文で入ってみたりすると反応がよくなるかもしれません。

第5章 顧客に情報を発信する！利益につなげる記事の投稿方法

Section
046

特定の属性のファンに投稿を届ける

投稿のコツ

投稿を見たファンが「これは自分にピッタリ！」と思える投稿には、反対に「自分には関係ないな」と思うファンもいるはずです。そんな投稿をする場合は、特定の属性のファンだけに投稿を届けましょう。

誰がターゲットなのか？

投稿をすべてのファンに届けようと思うと中途半端なメッセージになりがちです。**投稿をできるだけ自分事にとらえてもらう**よう、ターゲットのペルソナにマッチした投稿をすることは必須といえます（Sec.036 参照）。ただし、ターゲットのペルソナが数パターンあるケースも多いかと思います。そのような場合、できるだけ、それぞれの**ターゲットに対して優先的に投稿を届けたい**ものです。

Facebook ページでは、特定の属性のファンのニュースフィードだけに投稿を表示させることができます。

▼ターゲット設定の準備をする

❶＜設定＞をクリックして「設定」画面を表示します。

❷「一般」が表示されるのを確認して「ニュースフィードのターゲットと投稿のプライバシー設定」の右にある＜編集＞をクリックします。

❸チェックが付いていない場合は、チェックボックスをクリックしてチェックを付けて＜変更を保存＞をクリックします。

特定の属性の人にだけ投稿を届ける

ターゲット設定は、あくまでも **Facebook に登録している属性をベースにして制限をかけることができる**ようになっていますが、すべての登録事項で配信を絞ることができるわけではありません。ターゲットの設定や閲覧の制限は、表示される２つのタブで任意の内容に設定することができます。

▼ターゲットを設定する

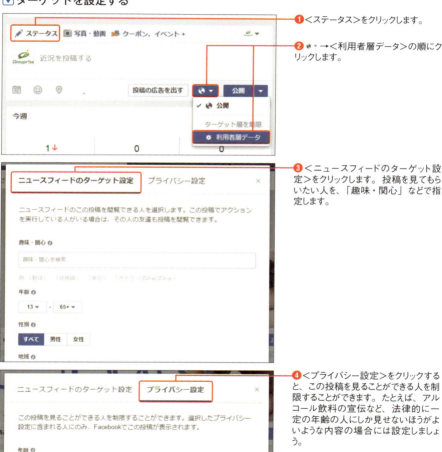

❶ ＜ステータス＞をクリックします。

❷ 🌐▼ →＜利用者層データ＞の順にクリックします。

❸ ＜ニュースフィードのターゲット設定＞をクリックします。投稿を見てもらいたい人を、「趣味・関心」などで指定します。

❹ ＜プライバシー設定＞をクリックすると、この投稿を見ることができる人を制限することができます。たとえば、アルコール飲料の宣伝など、法律的に一定の年齢の人にしか見せないほうがよいような内容の場合には設定しましょう。

Section 第5章 顧客に情報を発信する！利益につなげる記事の投稿方法

047 記事は毎日投稿する

投稿のコツ

「Facebookページでは、どのくらいの頻度で投稿すればいいですか？」という質問をよく受けます。その際は「少なくとも営業日は毎日です。」と回答します。ここでは、毎日投稿するコツを紹介します。

なぜ毎日投稿しなければいけないのか？

　おそらく、ほとんどのFacebookページの管理者は、Facebookページの運営だけが仕事ではないと思います。接客をしたり、仕入れをしたり、商品の発送業務があったり、ほかにメインの仕事がある中で、Facebookページを運営している人がほとんどでしょう。そうなると、どうしてもFacebookページの運営がおざなりになってしまうので、**日々運営をする習慣を付け、投稿を日常業務の中に取り込むようにしてください**。投稿がなければ、Facebookページに対してアクションをすることができません。そうすると、せっかく集めたファンのエッジランクを上げることができないのです。**エッジランクの親密度を上げるには、投稿に反応してもらわなければいけない**のです（P.124参照）。

　ファンがわざわざFacebookページを訪れてくれることは、ほぼありません。ニュースフィードに投稿が流れてこない限りは反応のしようがないのです。そうするとエッジランクも上がりません。ぜひ毎日投稿して、エッジランクを上げるようにしていきましょう。

・投稿がないと、ファンはFacebookページから離れて行ってしまう。
・Facebookページのエッジランクが下がってしまう。

毎日投稿するコツ

　毎日投稿できるようにするコツは、毎日投稿を作らないことです。「毎日」Facebookページを開いて、「何を投稿しようかなぁ」と考えるのは非常に時間を浪費してしまいます。Sec.033でも紹介したように、**Facebookページには投稿予約できる機能があるので、その機能を有効に使いましょう**。投稿文は、週に1回、まとめて作成することをおすすめします。翌週どんなイベントがあるのか、どういうタイプの投稿をしていくのかを考えて、まとめて一気に作ってしまう時間を設け、あとは投稿予約の機能を使ってセットしたほうが運用の時間を短縮できます。

● 運営に費やす時間と作業例

　日々の運営は、投稿への反応をチェックしたり、付いたコメントに返答する時間を15分程度とれば構いません。あとは、月に1回、2時間ほどの時間をとって、どういう投稿が反応がよかったのか、次月どのような投稿をしていくのか考える時間をあてるようにしてください。

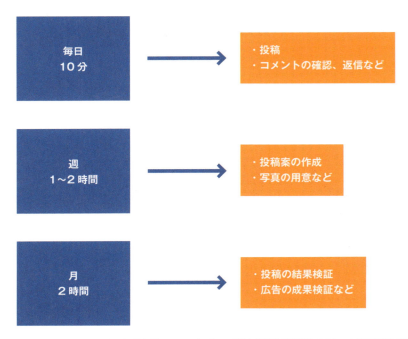

▲ 毎朝、出社してからの10分、毎週金曜日の15時から1時間など運営時間を決めると、より効率的に運営できるようになります。

Section **048**

第5章 顧客に情報を発信する！利益につなげる記事の投稿方法

印象的な写真でユーザーの目を奪う

写真付き投稿のコツ

Facebookページの投稿に写真は欠かせません。今や、ファンの目を留めるためにいかに印象的な写真を投稿できるかがポイントになってきます。印象的な写真を投稿するにはどうしたらよいのでしょう？

印象的な写真とは？

　印象的な写真とは、具体的にはどのような写真のことを指すのでしょうか？ここでは**「対象」「感情」「撮影テクニック」という3つの軸**で写真を要素分解する方法を紹介します。写真の中にどのような要素が含まれていると反応が高まるかを蓄積していくことで、ファンに印象付けられる写真というものがわかってくることでしょう。

写真を例に「印象的」を具体化する

　下の写真は、鹿児島にある結婚式場のFacebookページに投稿され、非常によく拡散された投稿写真です。この写真を例に「**対象**」「**感情**」「**撮影テクニック**」について解説します。

▲ この写真が印象に残る理由を考えてみましょう。

◉ 対象

　「対象」とは文字通り、写真に写っている対象物のことです。読者の皆さんは、この写真の中に、反応を上げるような「対象」をいくつ見つけられますか？「赤ちゃん」「新郎新婦」「ウェディングドレス」「桜島」「砂浜」「青空」など、いくつか「対象」となるものを見つけることができたと思います。このようにして、反応がよかった投稿の要素を洗い出していくようにして見てください。そうすることで、**印象的な写真といえる対象**がつかめてくるはずです。

◉ 感情

　「感情」とは、写真を目にしたときのユーザーの感情を、どのようにして動かすことができたかということです。実は、どのようなものを対象にした写真を撮るかよりも、この「感情」のほうが重要だと思っています。情報が増えてきたことで、見たことのないような写真は、本当に少なくなってきているのです。何を被写体にして写真を撮るかも重要ですが、**写真を見たユーザーの心を動かすことができるかどうかを意識することのほうが、Facebookページでは重要**です。

　では、左ページの写真を見て、この写真でそのように感情を動かすことができるかを考えてみましょう。

```
赤ちゃん→かわいい
砂浜でウェディングドレス→違和感
ウェディングドレス→幸せそう、きれい
```

　「対象」の選び方や「対象」同士の組み合わせで、見る人のさまざまな感情を動かすことができるでしょう。このようにユーザーの感情を動かすことが、ニュースフィードをスクロールする指を止めるポイントだと思います。

◉ 撮影テクニック

　写真を印象的にするためには撮影テクニックも重要です。「テクニック」といっても、そんなに難しいものではありません。むしろ、スマートフォンで誰もがかんたんにできるテクニックであり、そのテクニックを知っているか知らないかだけの問題にすぎません。次のページでは、3つの撮影テクニックを解説します。

3つの撮影テクニック

▼アングル

　この写真は赤ちゃんと同じ目線の高さで撮られています。すると、この写真の撮影者は、腹ばいになって撮っていると思われます。背の高さの目線から見る風景に慣れていると、カメラを低い位置に構えて撮影するだけでも、見るユーザーの感じ方が違ってきます。**普段の目線ではないからこそ、アングルが新鮮に見えてくる**のです。

▼構図

　この写真は、構図も工夫されています。たとえば、メインの「対象」を真ん中に置く構図は「日の丸写真」といって、初心者が撮る構図の代表的なものです。しかし、上の写真は、赤ちゃんを左下に置き、写真中央の上部に新郎新婦を引きで撮っています。このような構図にすることで、**赤ちゃんから新郎新婦へと視線が動き、「動きのある写真」**になっています。

▼加工

　スマートフォンを使うとかんたんに写真を加工することができるので、画像加工アプリなどを使って写真にひと手間加えることもおすすめです。キラキラマークや華やかなコメントを付けたり、あえてモノクロ、セピアなどにしてもよいでしょう。ニュースフィード上では、普通のカラー写真が氾濫しているので、**ひと手間かけられた写真が流れてくると目を引きます。**

スマートフォンの指を止めることを意識する

　Facebookの利用者のほとんどは、スマートフォンでニュースフィードをチェックしているといわれています。ニュースフィードを下から上に指でスクロールしながら見ている姿はかんたんに想像できるでしょう。その中で指を止め、Facebookページの投稿を読ませるにはどうしたらよいのでしょうか？

　ニュースフィードには、友達の投稿、Facebookページの投稿、広告が流れてきます。友達の投稿は、名前やプロフィール画像が目に入った瞬間に、その人との関係性によって指を止めることができますが、Facebookページで、そのような状態になるのは非常に難しいと思います。ましてや、新規見込み客の場合はなおさらです。そのようなユーザーの指を止めるには、写真を見た瞬間に「えっ！？」とか「おー」「ふ〜ん」というようにいわせたりする、つまり**感情を動かせるかどうかがポイント**になってくるのです。普通に、きれいな写真やうまい写真があふれかえっている中で、どのような写真を投稿できるかを意識して投稿していきましょう。

Section **049**

第5章 顧客に情報を発信する!利益につなげる記事の投稿方法

感情を揺さぶる写真を付けて親近感を出す

写真付き投稿のコツ

具体的にどのような感情を抱かせればよいのでしょうか?ここでは代表的な6つの要素を紹介しますが、普段からどのような感情を抱かせるのがよいのかチェックしながら運営していくようにしてください。

▶ 投稿の反応が上がる6つの感情

　ここでは具体的に、ファンがFacebookページの投稿を見たとき、反応が上がりやすい6つの感情を紹介します。これらの**感情を意識して投稿を考えるとよいでしょう**。

❯ 意外性

　「えっ!」と思わせるような写真。P.130で紹介した写真を例にすれば、「砂浜」と「ウェディングドレス」という**組み合わせに意外性を感じる**のではないでしょうか?

❯ 感心

　「へぇ～」と思わせるような写真。これは**写真だけでなく文章で「うんちく」などといっしょに投稿**できるとよいでしょう。

❯ かわいい

　「かわいい」と思わせるような写真は、**自社の商品・サービスと関連付ける**ようにしましょう。かわいい写真とはいえ、たとえば何の脈絡もなく猫のかわいい写真を掲載するようなことはやめましょう。

❯ 楽しそう

　写真に社員やスタッフの顔を出すときは、**笑顔で楽しそうな雰囲気を表現**することができるとよいでしょう。

❯ 嬉しそう

　撮影対象になっている「人」の顔から、**その場にいることが「嬉しい」と感じている**ような写真を掲載してみましょう。

134

きれい

きれいな写真であっても、商品・サービスとまったく関係ないものではなく、**関連性のある写真**を投稿しましょう。

ほかにも、さまざまな感情があると思いますが、重要なことは、自分たちが出したい内容の投稿だけをくり返すのではなく、**いかにファンの共感を得るかを意識して**、投稿内容を考えることです。

中で働く人を出して共感を誘う

企業のホームページや広告でアピールされる情報というのは、非常にきれいに整理されていて読みやすく、すっきりとした印象を受けると思います。本当に作り込まれた情報です。しかし、そのような情報を見ていても、情報として頭では処理できますが、感情を揺さぶられるようなことは、ほとんどないと思います。

反対に、中の人の感情が表現されると、それに対して共感することもできるようになります。**人は少しでも感情が揺れると、単なる情報の羅列よりも忘れにくくなる**ので積極的に人の写真を使っていきましょう。

◀ ファンは写真からさまざまな感情を受け取ります。

そもそもFacebookページは、情報を整理して表示することが苦手です。掲載した情報はどんどん流れていってしまうので、情報を整理して表示することはホームページに任せましょう。そのかわりFacebookページでは、中で働く人を出していくことで、ファンの共感を得られやすい投稿を意識しましょう。

第5章 顧客に情報を発信する！利益につなげる記事の投稿方法

Section 050 写真の表示順にこだわって印象をアップする

写真付き投稿のコツ

Facebookページでは、一度に写真を複数枚投稿することができます。それぞれの写真に「いいね！」などの反応をしてもらうことができるので、少し工夫をしてアップしてみましょう。

▶ 写真を複数枚投稿するメリット

　エッジランクを上げるには、投稿に多くの反応をもらう必要があります。その場合、投稿の中に「いいね！」をもらえる素材が多くあればあるほど有利になります。1つの文章、1枚の写真しかなければそれぞれにしか「いいね！」はもらえませんが、**複数の写真があれば、それぞれに「いいね！」をもらうことができる**わけです。

　それでは具体的に、どのような投稿にすればよいでしょうか。たとえば、イベントの報告をするための投稿であれば、時系列に写真を並べれば、そのイベントのストーリーを追うことがかんたんにできるでしょうし、飲食店であれば、単に料理の写真を1枚投稿するだけでなく、その制作過程を撮影して投稿するのもよいでしょう。

　また、あえて制作過程を完成から逆行するような順で写真を投稿して、食材当てクイズを投稿にしてみてもよいかもしれません。このような複数枚の写真を使ったアイデアを皆さんも考えてみましょう。

◀ Facebookページでは、写真を複数投稿することもかんたんです。1つの画面で複数枚の写真カットを見せることができます。

写真の表示順でストーリーを作る

　複数枚の写真を投稿すると4枚までは、タイムライン上に表示され、それ以降の写真は「＋◯件」という形で表示されます。

◀ スマートフォンの場合は、5枚目の写真に「＋◯件」と表示されます。

　このときに、**いかに複数の写真を最後まで見せることができるかを考えるとよい**でしょう。次の写真を思わずめくってしまうような写真を最初の1枚に設定することがポイントです。そして、その次、その次と進めていくようにするには、何かしらのストーリーが複数写真の中で展開されているのが理想的です。これは写真だけでは伝わりにくいので、うまく文章でフォローしましょう。

　たとえば1枚目に子どもの写真を見せておいて、「この後、この子に悲劇がｗ！」という文章を書くと、ついつい、次の写真も見たくなります。このようなストーリーを考えることが重要になってきます。

MEMO　写真に説明文を追加することも可能

タイムライン上で写真をクリックすると、このような各写真の編集画面が表示されます。「説明を追加」か「編集」をクリックすると、写真の説明文を追加することができます。

Section 第5章 顧客に情報を発信する！利益につなげる記事の投稿方法

051 季節感を出した記事にする

写真付き投稿のコツ

季節感のある投稿はファンの共感を得やすいタイプの投稿です。投稿をよりよいものにするために、計画的に素材などを準備しておきましょう。

親近感を増すための投稿

　Facebookページのファンは、どのような投稿を求めているのでしょうか？もちろん、商品やサービスに関する投稿にも興味ありますが、そればかりでは少し退屈してしまいます。季節感のある投稿は共感を得やすく、ファンとの親近感を上げることができます。ただし、これには**事前準備が必要**です。季節感のある投稿をいかにタイミングよく出せるかは、投稿を計画するうえで大きなポイントになってきます。

　そして、SNSがWebサイトなどと大きく異なるのが、運営している「中の人」の存在を感じさせることができるということです。企業側からのメッセージだけでなく、多くのファンが関心を持てそうな季節感のある投稿をすることで、**「中の人」**の存在を認識させることができます。

▲ 季節感を演出するとともに、中の人の存在も積極的にアピールしましょう。

事前準備が重要

　季節感のある投稿をするためには、事前に、**いつ、どんな写真を撮影をするのか**を考え、必要に応じて小道具などを準備し、撮影日なども決めておいたほうがよいでしょう。当日になって、その場で撮影をして投稿してもよいのですが、できればあらかじめ多くの「いいね！」をもらえるような投稿を考えておくことをおすすめします。

▼ 4月のFacebookページ投稿カレンダー例

		イベント・予定	投稿時間	投稿者	投稿内容	写真
1	火	エイプリルフール	10:00		商品をからめたウソ	
2	水					
3	木					
4	金				お客様紹介	
5	土	お花見シーズン	10:00			商品と桜の写真
6	日					
7	月	入学式	10:00		入学おめでとう！と商品をからめて	
8	火					
9	水	新サービス開始	10:00		新サービス紹介	
10	木					
11	金				お客様紹介	
12	土					
13	日					
14	月	キャンペーン開始	10:00		キャンペーン告知	
15	火					
16	水					
17	木					
18	金				お客様紹介	
19	土					
20	日					

　投稿のスケジュールを立てていくために、このような**投稿カレンダーを作成する**ようにしてください。いつ、どんなイベントがあるのかを明記して、それに合わせて投稿のスケジュールを決め、どんな準備が必要なのか設計していくとよいでしょう。
　地域に密着した店舗を運営している場合は、クリスマスやバレンタインのようなイベントだけでなく、地域イベントやお祭りなどのイベントも、投稿カレンダーの中に入力をしておくとよいでしょう。

Section 052　第5章　顧客に情報を発信する！利益につなげる記事の投稿方法

スマートフォンユーザーを意識して記事を作る

●写真付き投稿のコツ

Facebookユーザーは、パソコンよりもスマートフォンでFacebookを利用しているといわれています。表示に違いなどもあるので、その違いを意識して投稿も考えていきましょう。

▶ スマートフォンユーザーを意識して記事を作る

　Facebookのユーザーの多くは、パソコンよりもスマートフォンでFacebookを利用しているといわれています。**パソコンとスマートフォンでは、表示に違いなどもあります**。そこを意識して投稿も考えていくようにしましょう。

◆ユーザーの状態を意識する

　2016年の4月、Facebook社は、日本国内のFacebookアクティブユーザーのうち92％がモバイル（スマートフォン）からFacebookにアクセスをしていると発表しました。ビジネスでFacebookページの運営をしていると、どうしてもパソコンでの作業が多いと思いますが、**モバイルでどのように表示されているかという投稿のチェックも怠ってはいけません**。スマートフォンからFacebookにアクセスするユーザーが、どのようなタイミングで、どのように投稿を見ているのかをおさえましょう。

　皆さんのFacebookページのファンは、どのようなタイミングでFacebookを見ているのでしょうか？サラリーマンやOLがメインターゲットであれば、出退勤時の電車の中かもしれませんし、小さい子どもを持つ主婦であれば、忙しい家事の合間や、子どもを寝かし付けたあとの深夜かもしれません。

　このように、多くのファンが生活の中の**「すきま時間」**にFacebookをチェックしていることが予想できます。そのような状況のファンには、読みやすく、印象的な短文と画像の投稿が反応を得るためのポイントになってきます。つまり、できるだけ1画面に収まるような投稿を意識することが重要です。

▲ スマートフォンでFacebookページを閲覧すると、このような見え方になります。

ユーザーの行動を推測する

Facebookページのインサイトのデータからユーザーの行動を推測しましょう。

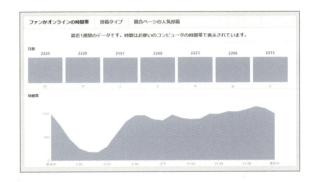

◀ 子育て中のママであれば、子どもを寝かし付けて、ようやく自分の時間です。その時間に合わせた投稿をすることが大事です。

上の画面は、小さい子供を持つママ向けの情報サイトのインサイトのデータで、**ファンがFacebookにアクセスしている時間帯**を示したものです（詳細はP.169参照）。このデータとスマートフォンでの閲覧を前提に考えると、このデータからユーザーの状態を推測することができます。

投稿する内容は？

インサイトのデータを使って、ファンがアクセスする時間とそのときの状況を推測することができたら、今度はその**状況に合わせた投稿**を考えていきましょう。

先ほどのページであれば、このような投稿を21時ごろに行います。ピークがくる直前の時間帯に、そのときの時間とファンの心境などを考えたうえで、伝えたいことを伝えるようにしましょう。また、スマートフォンで見ているユーザーは「すきま時間」で見ている可能性も高いと思いますので、長文を投稿するよりも伝えたいことをコンパクトにまとめるか、写真で親近感を抱いてもらうことを意識するようにしてください。

▲ 子育て中のママを労うような投稿例です。

Section 053

第5章 顧客に情報を発信する！利益につなげる記事の投稿方法

「シェア」のしくみと効果とは？

シェアの活用

Facebookページの投稿に対して、ユーザーは、「いいね！」やシェアといったアクションをすることができます。この中でもシェアをしてもらうと、投稿を目にする人数（リーチ）は非常に増えます。

シェアのしくみを理解する

Facebookページでの投稿に対して、それを見たユーザーは「いいね！」やコメント、シェアという**3種類のアクションをすることができます**。

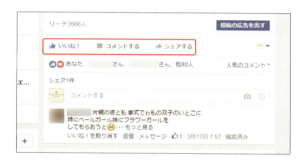

◀ Facebookページの投稿の下には「いいね!」、コメント、シェアなどのアクションをすることができるようになっています。

Facebookページに付けることができる「いいね！」とシェアには大きな違いがあります。あるFacebookページのファンになっているAさんが、そのページの投稿に「いいね！」をした場合、「いいね！」をしたということはAさんの友達には基本的に伝わりません。

それに対して、Facebookページの投稿をシェアするということは、AさんがFacebookページの投稿といっしょに、Aさん自身が投稿をしたということになります。

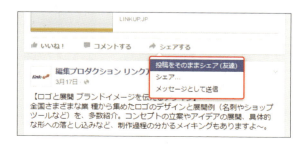

◀ ユーザーは、シェアの方法を選択できます。投稿をそのままシェアするほか、投稿に関するコメントなどを加えていっしょにシェアすることも可能です。

◀ ユーザーが Facebook ページの投稿をシェアすると、ユーザーのタイムラインに表示されます。

したがって、Aさんが近況を投稿したときと同様に、Aさんの友達のニュースフィードにも表示されるようになるため、**「いいね！」に比べて段違いに投稿を目にする人が多くなります。**

シェアされることで起きる3つの効果

投稿をシェアされることで、3つの効果が期待できます。

❶1.投稿のリーチが増える

もっとも実感できる効果は、**投稿のリーチが増える**ということです。単純に考えてもシェアしてくれた友達の数だけリーチが増えます（ただし、実際にはエッジランクなどが影響します）。たとえば5人がシェアをして、それぞれが100人の友達がいれば500リーチ増える計算になります。

❷2.ファンが増えるきっかけになる

投稿がファン以外の人の目に触れることによって、初めて**ファンが増えるきっかけが作れます**。投稿がシェアされ、ファン以外のユーザーがそのページのことを認知し、興味を持ってくれてページに「いいね！」をしてもらえる、という流れをシェアが生む可能性があるのです。

❸3.エッジランクが高くなる

投稿をシェアされることで、**エッジランクが高まります**。今や、多くのユーザーが当たり前のように「いいね！」をします。「いいね！」をすることは、それで完結する軽いアクションですが、シェアとなると少し違ってきます。シェアといっしょにコメントを求められ、ユーザー自身の投稿にもなるので、「いいね！」よりハードルが高まるのです。「いいね！」よりもハードルが高い行為をするということは、そのままエッジランクの価値にも転化されるといわれています。

Section 054

シェアの活用

第5章 顧客に情報を発信する！利益につなげる記事の投稿方法

自社のブログ記事をFacebookページでシェアする

ブログを運営している場合は、ブログの記事をFacebookページでシェアしましょう。せっかく時間をかけて運営しているブログとFacebookページなので、うまく連携していきましょう。

ブログとFacebookページを連携させるメリット

多くのお店や企業では、Facebookページの運営を開始するよりも前からブログを運営しているかと思います。その中で、ブログやFacebookページには、どのような経路でアクセスをしてくるか意識したことはありますか？経路が違えば動機も違います。その違いを意識しつつも、**関心を持ってもらったファンにFacebookページもブログも楽しんでもらいたい**ものです。

能動的に情報を探すユーザーを囲い込むには

ブログに来訪するユーザーは、企業のWebサイトからリンクを辿ってくるか、検索エンジンで何か調べものをしていて来訪することが多いでしょう。また、検索エンジンを使って能動的に情報を探している人は、そのサービスに対してニーズが高まっている可能性が高いといえます。ただし、そこで購入などのアクションまで至らなかった場合、そのまま離脱されると再訪してもらうことが非常に難しくなります。そのようなユーザーには、**Facebookページに「いいね！」をうながせるようにしておくことが重要**です（Sec.038参照）。

ブログから離脱してしまっても、Facebookページに「いいね！」をしてくれていれば、そのユーザーがあなたのお店や会社のサービスを意識していないときにも情報を提供することができます。ニュースフィードには、自動的に情報が流れてきます。受動的な状態で投稿が流れてくるので、一度、ブログに訪れたユーザーにも情報を提供し、ブログなどに再び誘導することができるのです。

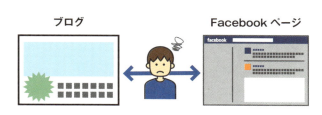

◀ 積極的にブログやSNSをチェックする人もいれば、SNSに流れてくる情報しか見ないという人もいます。

Facebookページからブログへ誘導するために

まず、下の2つの投稿文を見比べてください。

▼投稿1

▼投稿2

　どちらの投稿がよりクリックしたくなりますか？ Facebookページを見ているファンは、**多くの情報を少ない時間で消費しようとする傾向が強い**と想定されます。その場合、**いかに興味がある内容がクリック先にあるのかを、見せてあげる必要があります**。ただし、上記の投稿はあくまでも一例です。自分のFacebookページのファンがどのような投稿にクリックしてくれるのか、いろいろと試してみてください。

　たとえば、URLの位置を一番上に持ってきたときと下に持ってきたときで、クリック率が異なるのかを検証していたFacebookページもありますし、ECサイトで、商品の品番を羅列し、「もっと知りたい方はブログで」という形で誘導していたページもあります。商品やサービス、そしてブログの内容に合わせて工夫をしていくことが大事です。

Section 第5章 顧客に情報を発信する!利益につなげる記事の投稿方法

055 個人アカウントと連携して記事を広める

シェアの活用

Facebookページに投稿した記事は、個人アカウントでシェアをすることができます。せっかく投稿した記事を、少しでも多くの人に届けるためにも、個人アカウントの連携も活用しましょう。

個人アカウントで身近な人に記事を広める

　Facebookページのファンや、投稿を見てもらう人を増やしていくことは、非常に重要です。その第一歩として、**運営者個人のFacebookアカウントで、Facebookページの投稿をシェアして自分の友達に広めましょう**。

　また、同じ職場で働く社員やスタッフに声をかけ、「いいね！」をしてもらうこともおすすめです。Facebookページを広めるという業務自体に対して理解してもらえますし、協力してくれる人も出てくるでしょう。投稿の内容についてアドバイスをしてくれる方が出てきたり、困ったときに相談できる人が現れるかもしれません。

　そして、協力してくれる方には、ぜひ、投稿記事のシェアもお願いするようにしてください。**シェアをすることで投稿を目にする人が増え、Facebookページのファン増加に影響してきます**（P.143参照）。この際、多くのスタッフがシェアをしてくれれば、その拡散力は非常に大きいものとなるでしょう。

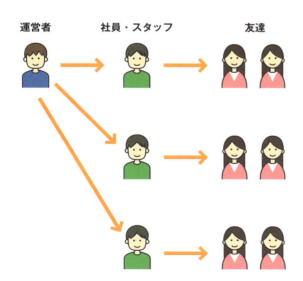

◀ まずは身近なスタッフや社員に「いいね!」やシェアをお願いしましょう。

個人アカウントでシェアをするときの注意点

個人アカウントでシェアをするときの注意点は何でしょうか？下の画面は管理者になってないページの投稿をシェアするときに表示されるシェアの投稿フォームです。**「自分のタイムラインでシェア」をするのか、「グループでシェアする」のかなどを選択できる**ようになっています。

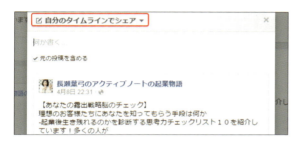

◀ どのタイムラインにシェアするのかを選択できます。

このとき、**「自分のタイムラインでシェア」**を選択してシェアを行うと個人アカウントで記事を広めることができます。

●「友達のタイムラインでシェア」とは？

「友達のタイムラインでシェア」を選択すると、友達のタイムライン上に投稿されます。この機能を使うと、友達だけでなく、投稿をシェアした友達のタイムラインを閲覧できる「友達の友達」にまで投稿を広めることができます。より多くの人に知らせたい投稿や、友達が確実に興味を持つような投稿をシェアする場合には活用してみてもよいでしょう。なお、友達によっては自分のタイムラインに勝手に投稿をシェアされることを好まない場合もあるので注意が必要です。

◀ ＜友達のタイムラインでシェア＞→＜テキストを入力＞の順にクリックすると、シェアする内容に任意のテキストを添えて友達のタイムラインに投稿できます。

Section 056 外部サイトとの連携

第5章 顧客に情報を発信する！利益につなげる記事の投稿方法

ブログの記事やWebページに「いいね!」ボタンを付ける

ブログの記事に「いいね!」ボタンを付けると、ブログの記事がFacebookの世界で拡散され、ブログへの来訪者を増やすことができます。無料で設置できるので、ぜひ設置しておきましょう。

「いいね!」ボタンとは？

「いいね!」ボタンとは、ブログの記事やWebページに設置することができるソーシャルプラグインです（P.105参照）。「いいね!」ボタンをクリックすると、クリックした人の友達のニュースフィードに「いいね!」された記事がURLとともに流れます。

そのため、ブログの記事がFacebook上でどんどん拡散されていくのです。また、「いいね!」ボタンといっしょに**シェアボタンを表示しておけば、ユーザーがその記事に対するメッセージなどを付加して投稿することが可能**となります。記事を見たユーザーに選択の幅を与えてあげることで拡散力も増しますので、いっしょに設定するとよいでしょう。

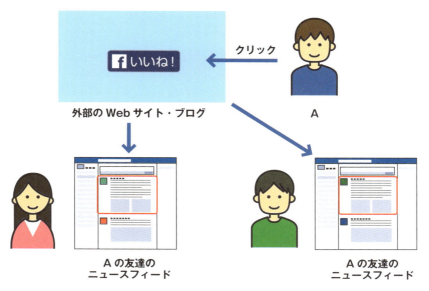

▲「いいね!」ボタンを付けることで、友達のニュースフィードからまたその友達へと、記事が拡散します。

「いいね！」ボタンを設置する

❶「https://developers.facebook.com/docs/plugins/like-button」にアクセスします。

❷下記の表を参考に各項目を設定します。

「いいね！」するURL	FacebookページのURLを入力します。
Width	設置するボタンの幅をピクセルで選択します。
レイアウト	レイアウトを4種類から選ぶことができます（P.150参照）。
アクションタイプ	ボタンの表記を「いいね！」もしくは「おすすめ」から選択します。
友達の顔を表示する	友達の顔を表示するかどうかを選択します。
シェアボタンを追加	シェアボタンを表示するかどうかを選択します。

❸＜コードを取得＞をクリックします。

❹P.107と同じ方法で、「いいね！」ボタンを表示したい場所に貼り付けます。

▶「いいね！」ボタンの種類

「いいね！」ボタンのレイアウトは4種類あります。好みのデザインを選択してください。

▼ standard

▼ box_count

▼ button_count

▼ button

無料ブログサービスの「いいね！」ボタン

アメーバブログやFC2ブログなどの無料のブログサービスなどでは、**管理画面で「いいね！」ボタンをかんたんに設置できるようになっている**場合があります。技術的なスキルもほとんど必要なく、ブログサービスに合った形で設置できるので、無料ブログサービスを利用している場合は、設定メニューなどを確認してみましょう。

▼ FC2ブログの場合

▲「設定」の「ブログの設定」の中段で「いいね!」ボタンを設定でき、2種類の「いいね!」ボタンから選択できるようになっています。さらに「シェア」ボタンの表記のしかたで各3パターン選択できます。

▼ アメーバブログの場合

▲「設定」の「基本設定」に「いいね!の設定」という項目があり、「いいね!」を受け付けるかどうか選択できます。初期状態では、「受け付ける」が選択されているので、そのまま表示させる状態にしておきましょう。

ドメインインサイトで効果測定を行う

Facebookでは「ドメインインサイト」という機能が提供されています。ドメインインサイトを利用することで、Webサイトやブログなどに設置したソーシャルプラグインが、どれだけの効果があったのかを計測できます。

▼ドメインインサイトの設置方法

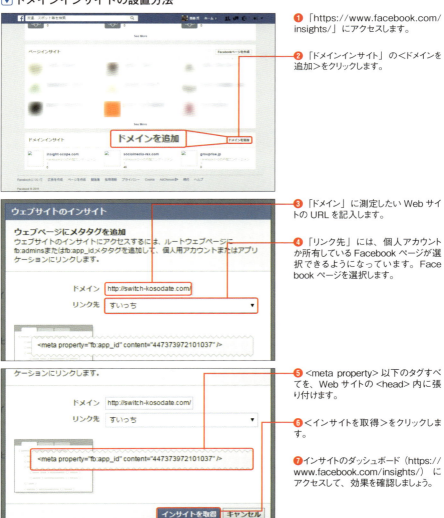

❶「https://www.facebook.com/insights/」にアクセスします。

❷「ドメインインサイト」の＜ドメインを追加＞をクリックします。

❸「ドメイン」に測定したいWebサイトのURLを記入します。

❹「リンク先」には、個人アカウントが所有しているFacebookページが選択できるようになっています。Facebookページを選択します。

❺＜meta property＞以下のタグすべてを、Webサイトの＜head＞内に張り付けます。

❻＜インサイトを取得＞をクリックします。

❼インサイトのダッシュボード（https://www.facebook.com/insights/）にアクセスして、効果を確認しましょう。

Section 057

第5章 顧客に情報を発信する!利益につなげる記事の投稿方法

「いいね!」の効果を最大化するブログ&ホームページ設定

●外部サイトとの連携

OGPというタグを設定することで、ブログ記事などがニュースフィードに表示される際の内容をコントロールできます。SNSでの拡散を意識するのであれば必ず設定しておきましょう。

OGPとは?

　WebサイトやブログのURLをFacebookでシェアをすると、そのWebサイトの画像や情報がFacebookのニュースフィードなどに自動的に表示されます。これは、Webサイトに設置されているOGPというタグによるものです。

　OGPとは「Open Graph Protocol」の略で、多くのSNSで採用されている仕様です。**OGPを記載しておくことで、SNS側でその情報を読み取り、設定された情報をもとにWebサイトの概要などを表示させることができます。**

　OGPの設定次第で、WebサイトのURLがユーザーにシェアされたときにWebサイトの概要がちゃんと伝えられるかどうかが決まってきます。Webサイト運営者からすると、それほど非常に重要なものなのです。

画像：OGPで設定された画像が表示されます。

記事タイトル：OGPで設定された記事タイトルが表示されます。

記事の概要：OGPで設定された記事の概要が表示されます。

MEMO　OGPの設定に便利なツール

ブログの場合、記事を書くたびにOPGの設定をするのは非常に面倒です。WordPressであれば、「All in One SEO Pack」などの、記事入力時に自動的にOGPを設定できるようなプラグインがあります。

OGP を設定する

　OGP の設定は、HTML のソース内に OGP のタグを記載するだけで OK です。**OGP のタグは \<head\> 内に記載**します。ここでは代表的なタグを紹介します。

▼ OGP のタグ

```
<meta property="og:type" content="article"/>
```

　コンテンツのタイプを指定するタグです。トップページ以外では「article」とし、トップページの場合は、「website」と指定します。

```
<meta property="og:title" content=" ○○ " />
```

　「記事タイトル」に当たります。○○にコンテンツのタイトルを記入します。

```
<meta property="og:url" content="http://xxx"/>
```

　Web サイトの URL を記入します。

```
<meta property="og:description" content=" ●● "/>
```

　「記事の概要」に当たります。●●に Web サイトの説明文を記入します。

```
<meta property="og:image" content=" △△ "/>
```

　「画像」に当たります。△△に表示させたい画像の URL を記入します。

　OGP の設定がしっかりとできていない Web ページの場合、Facebook のシステム側で自動的に Web サイトなどのソースを読み取り、ニュースフィードに表示します。そのため、意図しない画像が表示されたり、説明文が入っていない場合があります。**意図した画像や文章が表示されないと、Web サイトを魅力的に伝えることができません**。OGP はきちんと設定するようにしましょう。

Section 058

第5章 顧客に情報を発信する！利益につなげる記事の投稿方法

イベント開催でファンとの親密度を上げる

イベントを活用

既存顧客向け、見込み客向けに実際に顔を合わせるようなイベントを企画したことがありますか？Facebookページとイベントの関係性について紹介します。

Facebookページでイベントを開催する

　Facebookページを活用すると、イベントやセミナーを開催するときの告知から集客までを、一貫して行うことができます。ここでは、**Facebookページのファンになってくれた人との距離を近づけることができるイベントを開催**して、売り上げにつなげていくようなストーリーを考えましょう。

○Facebookページとリアルのつながりを意識する

　Facebookページの投稿で、いくら商品のセールスポイントを伝え続けても、ファンにとっては触覚、味覚などで体感できないため、記憶として残りづらかったり、実際の購入には至らなかったりすることがあると思います。それをイベントで補完することを目指して、ストーリーを考えます。

▼ストーリー例

1. Facebookページのファンになってもらう
2. 投稿を続け、サービスに興味を持ってもらう
3. イベントに参加してもらい、商品を手に取るなどの体験をしてもらう
4. イベントに参加してもらうことでファンとの距離を縮め、購入をうながす
5. イベント後もファンであり続けるため、その後も接点を持つことができる

　このように、Facebookページから売り上げにつなげるためには、**ファンに「行動」を起こしてもらう**必要があります。ファンがイベントに参加してくれると、たとえイベント時に即購入につながらなくても、**ゆくゆくは購入につながる可能性を高める**ことができます。

イベントを成功させるために考えるべきこと

　イベントを開催するうえで考えないといけないことは、**「どのような人に向けたイベント」なのか**ということのほかに、イベントの内容、集客の方法、そのあとのつながり方があります。

◎参加者の満足度を上げるには

　イベントを実施するとなると、参加者に満足してもらえるような内容を最初に考えることでしょう。いくらファンの多いFacebookページを運営していても、中身の薄いイベントでは、かえってファンとの距離を遠ざけるばかりです。
　そして、参加者を満足させるためには、何よりイベントに参加してもらいたい人を明確にすることが重要です。イベントのコンテンツを考えていきましょう。

◎集客の方法

　集客をするうえで重要なのは、イベントのタイトルです。イベントの内容をしっかりと伝えるだけでは不十分で、どのような人に参加してもらいたいかを明確に記載しましょう。数多くあるイベントの中で、その**参加者に当事者意識を持たせたり、参加するメリットや参加して何が得られるかをイベントタイトルに入れる**とよいでしょう。
　たとえば、【初心者限定】【○○好き集合！】などをタイトルに入れることで自分事化されます。また、【参加費無料】や【Facebookページのファン限定】という表記でお得感や特別感を出してあげることも重要です。

◎そのあとのつながり方

　最終的にイベントは売り上げにつなげなければいけません。即売会のようなイベント以外は、今後、どのような形で購入してもらうかを考える必要があります。Facebookページに「いいね！」をしてもらってつながり続けるのはもちろんですが、その手前で特別感のある体験をしてもらうことが必要かもしれません。たとえばサンプリング商品を配布する、非公開DVDを提供するなどやり方はさまざまです。

　Facebookページで、つながっている間に、購入までのハードルをクリアさせて売り上げに結び付けていってください。

第5章 顧客に情報を発信する!利益につなげる記事の投稿方法

Section 059 イベントを作成する

イベントを活用

Facebookには、イベントを告知するためのツールも用意されています。Facebookページと紐づけて設定することもでき、イベント作成と同時に告知することも可能です。

▶ Facebookページでイベントを作成する

イベントは、個人のアカウントでも設定することができますが、Facebookページを運営しているのであれば、お店の**Facebookページのアカウントでイベントを作成したほうがよい**でしょう。個人アカウントの友達を招待することも可能ですし(Sec.060参照)、イベント設定すること自体がFacebookページの投稿として扱われるので、ファンにもイベントの情報を伝えることができるのです。

❶ <クーポン、イベント>をクリックします。

❷ <イベント>をクリックします。

❸下記の表を参考に項目を入力します。

❹＜投稿する＞クリックします。

1 「イベントの写真」	＜イベントの写真を変更＞をクリックして、イベントのページで表示させる画像を設定します。
2 「イベント名」「場所」「開始」「終了」	それぞれの項目の情報を入力します。
3 「詳細」	イベントの詳細情報を入力します。
4 「タグ」	イベントに興味を持ちそうな「キーワード」を記載します。
5 「チケットURL」	Facebookページでは決済できません。チケット販売サイトや外部のWebサイトなどで参加者を管理したい場合に、そのWebサイトのURLを入力します。
6 「共同主催者」	Facebookページの管理者以外で、イベントの設定・編集などを依頼する人やページがあれば入力します。

❺「イベント」のページが作成されます。

❻イベント作成と同時に投稿もされ、Facebookページのタイムラインに表示されます。ファンのニュースフィードにも表示されるようになりました。

❼投稿をクリックすると、「イベント」のページを表示できます。

Section 060

イベントを活用

第5章 顧客に情報を発信する!利益につなげる記事の投稿方法

イベントを告知し、集客していくために

イベントの目的を定め、コンテンツも決め、イベント機能の設定も終えたら、最大の問題となる「集客」をしなければいけません。Facebookを最大限に生かした「集客」の手法を紹介します。

▶ イベントに集客するには？

「イベント」を成功させるためには、イベントの内容以外に、その**イベントにいかに集客できるかがポイント**になってきます。まずは身の回りの友達から声をかけ、そこから拡散していくことを念頭においておくとよいでしょう。

イベントに参加してくれる可能性が高いのは、以下の通りです。

1. 友達
2. 友達の友達（友達がイベントに参加するのをニュースフィードで見て参加）
3. Facebookページのファン（既存顧客）

ここまでは、すでに皆さんの商品を認知している方、もしくは既存顧客の方になると思います。ここから、もっと認知を広げていきたい、新規見込み客を確保していきたいのであれば、Facebook広告を利用したり、外部のイベントサービスを使うのも手です。**イベントの目的とイベントの定員を考慮しながら、どこまで集客をしていくのか考えていきましょう。**

◯ Facebookページから友達を「招待」する

ここでは、Facebookページから友達を招待する方法を解説します。

❶＜招待＞をクリックします。

❷自分とつながりがある人のリストが表示されます。「招待する人を検索」に名前を入れて検索するか、招待したい人をクリックして選択します。

❸＜招待を送信＞をクリックします。

　手順❷の「招待」画面からは、過去のイベント参加者やFacebookグループの参加者などから検索することもできます。また、「友達」であれば、直接メッセージを送ることも可能です。地道ではありますが、そのような作業がもっとも「友達」の心を動かし、参加してくれる可能性が高まります。

❷Facebookページの投稿で告知する

　Sec.059で紹介したように、Facebookページでイベントを作成すれば、自動的に投稿され、ファンのニュースフィードにイベント開催情報が流れます。しかし、これだけではなかなか参加者を増やすことができません。

　通常の投稿で過去の開催写真やそのときの参加者の声を流したり、イベントで答えがわかるようなクイズを投稿し、「正解を知りたい方は、イベントへ」というようにしてみてもよいでしょう。**イベントの魅力や、参加メリットなどを投稿していき、ファンから参加者を募っていきましょう。**

❷Facebook広告を利用する

　第7章で詳しく説明しますが、イベントを告知するために広告を利用するのも、新規の売り上げを作るには効果的です。「友達」やFacebookページのファンだけでは、すでに商品を知っている人だけになってしまいます。まだ認知のない方を集めるために、広告を利用して集客してみましょう。

イベントソーシャルネットワークサービスを使ってみる

　Facebook以外にもイベントを告知できるサービスがいくつか出ています。その多くがイベント情報の告知ができるだけでなく、チケット発行、クレジットカードなどの決済、参加者管理、来場者の受付管理、SNSとの連携ができるようになっています。Facebookページと連携できる機能などもあるので、活用してイベント集客・運営に生かしましょう。

everevo（イベレボ）
URL http://everevo.com/

　「イベレボ」というサービスでは、過去に開催したイベント参加者にフォローしてもらうと、次のイベント開催時に自動的にお知らせが届くようになっています。そのため、継続的にイベントを開催していく場合に手間なく集客ができます。FacebookやTwitter上でイベント情報をシェアすることができたり、1回あたりの上限がありますが、Facebookでつながっている友達に対して招待を送ることも可能です。

Peatix (ピーティックス)
URL http://peatix.com/?lang=ja

　「ピーティックス」というサービスは、イベント参加者をグループとすることができます。そのグループを育てていくことでイベント主催者は、次のイベントの集客に活かすことができます。また、120万人のユーザー（2015年6月現在）が利用しているアプリがあり、このアプリを通じて集客をすることも可能です。
　ほかにも多くのイベントアプリはありますが、実際に利用してみて自分たちが開催するイベントにマッチするものを探していきましょう。

第6章
効率的に売り上げをアップ！投稿&顧客の分析

Section 061	分析の目的を知る「投稿の結果を検証する」
Section 062	Facebookページの分析ツール「インサイト」
Section 063	売り上げにつながるユーザーを「エンゲージメント率」で知る
Section 064	インサイトで投稿のデータを確認する
Section 065	インサイトで個別の投稿のデータを確認する
Section 066	インサイトでそのほかのデータを確認する
Section 067	反応のよい投稿の「種類」を見極める
Section 068	ネガティブフィードバックを見逃さない
Section 069	投稿を「狙い」ごとに区別して分析する
Section 070	なぜ「いいね！」が付いたのかを分析する
Section 071	投稿の結果を比較して精度を上げる
Section 072	疎遠になったファンにアプローチするには？

Section

061

分析

第6章 効率的に売り上げをアップ！投稿&顧客の分析

分析の目的を知る
「投稿の結果を検証する」

Facebookページの運営目標を達成するために、日々の効果を振り返ることは重要です。投稿を行ったあとは、必ず結果を検証し、次回の投稿の精度を高めていきましょう。

投稿の結果を検証する

　Facebookページの運営に限った話ではありませんが、あらゆるビジネスをしていくうえで「検証」は非常に重要です。長期的に運営していくビジネスであれば、すべてにおいて目標を設定し、その**目標に対して「今、どの位置にいるのか？」を定量・定性的に**とらえていく必要があります。

▲ いつまでに、どこまで成長させていくのか決めておくことが必要です。

　Facebookページの運営は、日々どのような内容の投稿をするかを考えるだけで手いっぱいになってしまいがちです。しかし、ファンに伝わらない内容の投稿を継続的に行っていても、時間の無駄です。そのため、ファンが本当に望んでいる情報や、喜んでもらえるような内容を適切に投稿できているのかどうかを検証し、**投稿の精度を高めていく必要があります**。投稿に「いいね！」などの反応が付かなければ、せっかく集めたファンもエッジランクが下がり、ゆくゆくは投稿を見なくなってしまうので、エッジランクを上げていくためにも、投稿を検証する習慣を付けましょう。

Facebookページの投稿は2つの観点で分析する

投稿の検証をするときに重要なのは、「どのくらい」のファンに、「どれだけ」反応をしてもらえたかです。

●「どのくらい」のファンに投稿が届いたか

「どのくらい」のファンに投稿を届けることができたのかを分析するには、**投稿を届けることができるファンがどれだけいるのか**、そして、**その投稿がどれだけの人に届けられたのか（リーチ）** を計測します。このときに、必ずしも「ファン数＞リーチ」にならないところがFacebookのよいところです。投稿がシェアされることでファン数以上のリーチを稼ぐことも可能です。とはいえ、投稿を届けるためのベースになるファン数は多ければ多いほどよいので、どのようにしてファンが増えたのか、そしてその結果としてどれだけの人に投稿を見てもらえるのかをしっかりと把握しておきましょう。

●「どれだけ」反応を得られたか

「どれだけ」反応をもらえたかは、**ファンにとって役に立つ内容を投稿できたのか、楽しんでもらえる投稿ができたのか**どうかを把握していくうえで重要な指標です。

そして、Facebookの場合は、エッジランクが高くなければファンが目にしない可能性が高まるので、エッジランクを上げるための「いいね！」や「コメント」「シェア」などの反応がどれだけあるのかをチェックしておかなければいけません。反応がないような投稿を続けていても仕方がないので、検証しながら反応が得られる投稿がどのようなものなのかを把握していくようにしましょう。

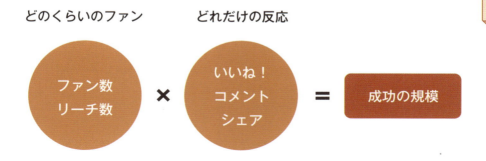

▲ 量（ファン数、リーチ数）と質（投稿への反応）で、どれだけ成功するかが決まります。

Section 062 分析

第6章 効率的に売り上げをアップ！投稿＆顧客の分析

Facebookページの分析ツール「インサイト」

Facebookページには、無料で利用できるFacebookページ専用の分析ツール「インサイト」があります。このツールを利用することで、投稿やFacebookページを詳細に分析することができます。

インサイトとは？

「インサイト」とは、Facebook社が提供する**Facebookページ専用の分析ツール**です。人々がFacebookページにどのように反応しているかなど、さまざまなデータを閲覧することができます。インサイトは無料で利用できるので、Facebookページ運営を成功させるために有効的に活用しましょう。

▲ Facebookページのカバー画像上部にある＜インサイト＞をクリックすると、インサイトの分析画面が表示されます。

インサイトには、非常に多くのデータを閲覧可能です。たとえば、次のようなデータを知ることができます。

- 狙い通りのターゲット（性別、年代、居住地）に投稿が届けられているのか
- どの投稿のリーチが多く、ファンに受け入れられているのか
- 自社のWebサイトに誘導できているかどうか

インサイトに表示されるデータをすべて読み解くことは難しいので、少なくとも**「Facebookページ開設時に設定した目的に沿って運営できているかどうか」**を調べられるように、自分たちなりの分析手法を見つけておくようにしましょう。

「インサイト」分析画面の見方

インサイトは、「概要」「広告」「いいね！」「リーチ」「ページビュー」「ページでのアクション」「投稿」「イベント」「動画」「利用者」「近隣エリアにいる人」「メッセージ」の 12 つのカテゴリーに分かれてデータが表示されます。

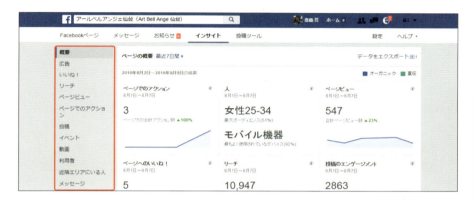

▼インサイトの 12 つのカテゴリー

概要	Facebook ページ全体の状況を確認できます。どのような人がページを閲覧し、その回数は何回くらいか、そして投稿がどのくらいの人に届き、どれだけの反応があるのかもわかります。
広告	広告作成画面が表示され、そのまま広告の設定が可能です。
いいね！	Facebook ページのファンになった人、ファンをやめた人の推移や、いいね！を付けた出所がわかります。
リーチ	どのくらいの投稿のリーチがあったのか、また、そのリアクションの数などが時系列でわかります。
ページビュー	Facebook ページが、どのくらいの人に見られたのかがわかります。また、どういった経路をたどって Facebook ページにたどり着いたのかもわかります。
ページでのアクション	ページ上に設置したさまざまなボタンをクリックするなどの「アクション」をした人の数値がわかります。
投稿	投稿ごとの反応数がわかります。また、ファンが Facebook ページにアクセスした時間もわかります。
イベント	Facebook ページで開催したイベントが、どのくらいのファンに見られたのかがわかります。
動画	Facebook ページへ投稿した動画の再生数などがわかります。
利用者	ファンの属性（居住地、性別、年代）だけでなく、その中で、どのような人たちがアクションをしているのかなどがわかります。
近隣エリアにいる人	近隣にいる人のアクティビティやピーク時間などのデータがわかります。
メッセージ	メッセージのやりとり数が時系列で表示されます。

第6章 効率的に売り上げをアップ!投稿&顧客の分析

Section 063 分析

売り上げにつながるユーザーを「エンゲージメント率」で知る

投稿に対してユーザーがどれだけ反応しているかを示す数値を「エンゲージメント率」といいます。この数値は、売り上げにつながるユーザーの数や、反応のよい投稿を探るヒントになります。

エンゲージメント率とは？

「エンゲージメント率」とは、ユーザーがどれだけFacebookページの投稿に反応しているかを示す数値のことです。エンゲージメント率の計測は、次の数式によって計算されます。

$$\text{エンゲージメント率} = \frac{\text{投稿の反応数}}{\text{投稿のリーチ}}$$

「いいね！」やコメント、シェア、投稿のクリックなど。

▼エンゲージメント率を確認する

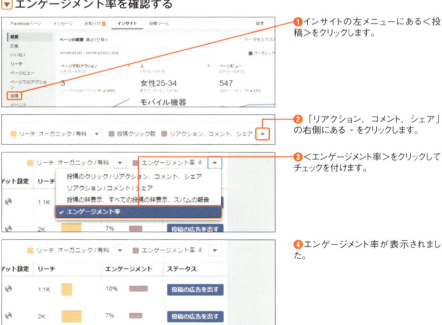

❶ インサイトの左メニューにある＜投稿＞をクリックします。

❷ 「リアクション、コメント、シェア」の右側にある ▾ をクリックします。

❸ ＜エンゲージメント率＞をクリックしてチェックを付けます。

❹ エンゲージメント率が表示されました。

エンゲージメント率はなぜ重要なのか

エンゲージメント率は売り上げにつながるユーザーがどれだけいるかを示しています。Facebookページで投稿を行っても、誰も見てくれず、反応してくれなければ売り上げにつながることはありません。Facebookページで売り上げるには、**ユーザーに投稿を見てもらうことが第一歩**です。しかし、その投稿に反応してくれる人がいて初めて、商品についての認知が得られ、売り上げにつながるようなアクションをしてくれる人が生まれてきます。エンゲージメント率は行動へとつながる「投稿への反応率」を表しているからこそ重要なのです。

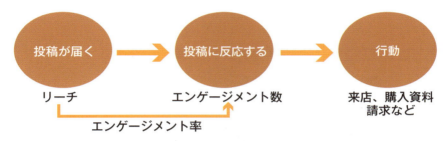

▲「エンゲージメント率」を上げることができれば、その数値が売り上げにつながると考えてもよいでしょう。

▲ 何回も「いいね！」などの反応を繰り返すことで、初めてユーザーの頭の中にブランド名や商品名などの情報が残ります。

❷ 投稿の良し悪しも確認できる

エンゲージメント率の数値は、売り上げにつながるユーザーの割合を把握できるだけでなく、**どのような投稿がユーザーの反応を得られるかを探ることのできる数値**でもあります。「いいね！」などの数値を見ていくだけではなく、投稿のリーチから反応数を割り出すことで、見ている人が「本当に支持してくれているのか」がわかります。今後、Facebookページの運営をしていくうえでも重要な数値なので、定期的に確認するようにしましょう。

Section

064

分析

第6章 効率的に売り上げをアップ!投稿&顧客の分析

インサイトで投稿のデータを確認する

日々の投稿のデータは一覧で確認でき、それぞれの投稿がどれだけの人に届いているのか、投稿へのアクションはどのくらいあるのか、ファンがFacebookにアクセスする時間帯などがわかります。

インサイトの「投稿」画面を表示する

インサイトの左メニューの「投稿」では、投稿に関するさまざまなデータを確認できます。

❶＜インサイト＞をクリックします。

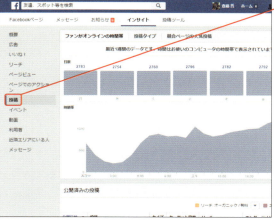

❷＜投稿＞をクリックします。

「投稿」画面に表示されるデータ

❶ ファンがFacebookにアクセスする時間帯

左ページの手順で「投稿」画面を開くと、Facebookページの**「ファンがオンラインの時間帯」**が表示されます。ここでは、ファンがFacebookにアクセスしている時間帯を知ることができます。ファンがFacebookを見ていない時間帯に投稿をしても、リーチを稼ぐことはできないので、できるだけ**ピークの時間帯の直前に投稿**しましょう。

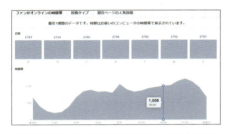
▲ この場合、ピークの時間帯は21〜23時なので、21時頃に投稿するとよいでしょう。

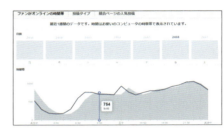
▲ 曜日のエリアにマウスオーバーすると、曜日ごとにファンがオンラインの時間帯が表示されます。投稿時間を決めるときの参考にしましょう。

❷ 「公開済みの投稿」の一覧データ

公開された投稿に関するデータが一覧で表示されるので、**個別で分析したい投稿**を探していきましょう。

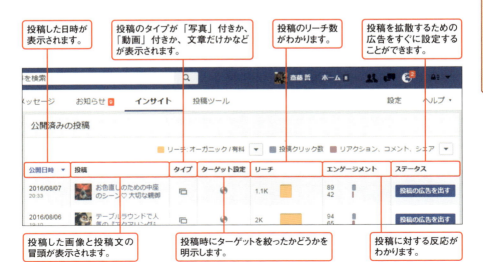

◉ 投稿のリーチ

投稿のリーチの詳細データを確認できます。**オーガニック（自然に広まった）リーチ**か、広告で広まったリーチか、**インプレッションの数値**、ファンにリーチしたのか、ファン以外にリーチしたのかなども確認できます（下の MEMO 参照）。

◀ 投稿のリーチの詳細を確認するには、▼をクリックし、詳しく確認したい項目をクリックして選択します。

▼ リーチ：オーガニック / 有料

◀ オーガニックと有料（＝宣伝によるリーチ）とで、色が区別されて表示されます。グラフ部分にマウスオーバーをすると具体的な数値が表示されます。

▼ ファン / ファン以外のリーチ

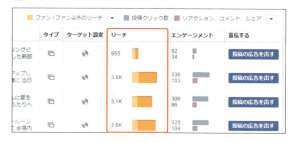

◀ ファンとファン以外とで、色が区別されて表示されます。

MEMO　リーチとインプレッションの違い

リーチとは「投稿を目にした人数」、インプレッションとは「投稿が表示された数」です。たとえば、A さんが同じ投稿を 3 回閲覧した場合、リーチは 1（A さん 1 人の数値なので）、インプレッションは 3（3 回閲覧したため）となります。

● 投稿のエンゲージメント

　各投稿に対するリアクションが表示されます。投稿の「クリック数」や「いいね！」「コメント」などの**リアクション数、否定的な意見やエンゲージメント率などを確認できる**ので、投稿を俯瞰して見ると、どの投稿の反応がよかったのかは一目瞭然です。なお、「公開済み投稿」画面の「リアクション、コメント、シェア」の右の ▼ →確認したい項目の順にクリックすると、選択した項目のデータが表示されます。

▼ 投稿のクリック／リアクション、コメント、シェア

◀ 上段が投稿クリック総数です。この中には、写真をクリックして拡大表示させたり、投稿内にあるURLのクリックしたりと、投稿内にあるさまざまなクリックを含みます。下段の「リアクション、コメント、シェア」は、「いいね！」やコメント、シェアの総数です。

▼ リアクション／コメント／シェア数

◀ リアクション、コメント、シェア数の内訳です。リアクションには、「いいね！」だけでなく、「超いいね！」や「うけるね」「すごいね」などの感情表現のリアクションも含みます。

▼ 投稿の非表示、すべての投稿の非表示、スパムの報告

◀ その投稿をきっかけに、投稿の非表示、すべての投稿の非表示、スパムの報告、ページへの「いいね！」の取り消しを選択された数です。

　ファンが増えていくと、必ず「投稿の非表示」や「いいね！」の取り消しが少なからず出てきます。否定的な意見の数字が少ない場合はあまり気にしなくてもよいのですが、まとまった数字が出てくる場合は、どういう投稿が否定されたのか確認するようにしましょう。

Section 065 分析

第6章 効率的に売り上げをアップ！投稿&顧客の分析

インサイトで個別の投稿の データを確認する

インサイトの「投稿」で公開済みの投稿一覧を見ていると、リアクションやエンゲージメント率がほかの投稿よりも優れている投稿があるはずです。なぜその投稿はよい反応を得ているのか分析しましょう。

▶ 個別の投稿のデータを表示する

個別の投稿の数値を確認して、**どの投稿にどのような反応があったのかを分析しましょう**。投稿が狙い通りにいったときは、どのようにして再現するか、うまくいかなかったときは、どうしてうまくいかなかったのかを考える必要があります。そのように考えていくためのベースとなる数値を、インサイトで確認しましょう。

▼ 投稿の詳細を確認する

❶ インサイトの＜投稿＞をクリックします。

❷ 「公開済みの投稿」の一覧から詳細を確認したい投稿をクリックします。

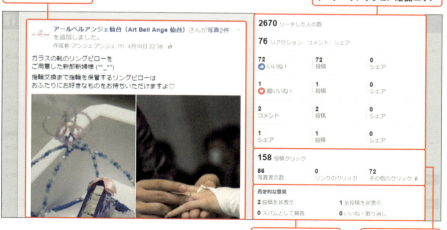

◉ リーチ・リアクション確認エリア

ここで、**投稿に対するリアクションの総数**がわかります。とくに、リーチ数とシェア数の関連性に注目しましょう。ほかの投稿よりもリーチ数が非常に多い場合は、シェアが何件か付いていることが多いです。また、シェアされた投稿がさらにシェアされたり、シェアされた投稿に「いいね！」やコメントが多く付くこともあります。これは、タイムライン上では把握できないので、**「投稿の詳細」**でチェックするようにしましょう。

MEMO 「いいね！」以外のリアクション

これまで、投稿への反応としてはコメントまたは「いいね！」の2択でした。2016年1月、Facebook日本語版には「超いいね！」「うけるね」「すごいね」「悲しいね」「ひどいね」という感情表現ができるようになりました。この仕様の変化に伴い、「投稿の詳細」では、それぞれの感情表現数も表示されるようになっています。

❷ 投稿クリックエリア

　投稿文のさまざまな箇所をクリックした回数が表示されます。どんなクリックでも、**投稿に関心を持ち、反応している証拠**です。また、リンクのクリックが多い場合、投稿の「いいね！」が増えないケースが多く見られます。

```
172 投稿クリック

120             0                52
写真表示数        リンクのクリック      その他のクリック
```

▲ 投稿へのクリック数を確認できます。

> **写真表示数**：写真を拡大するためにクリックした回数
> **リンクのクリック**：投稿文内に URL があった場合、その URL のクリック数
> **その他のクリック**：ページタイトルや投稿時間、「もっと見る」などの投稿のコンテンツ以外のクリック数

❷ 否定的な意見エリア

　投稿に対して否定的な反応が起こった数が表示されます。この数値が多いとエッジランクが下がっていきますが、ファンが増えてくると1～2件は**「投稿を非表示」**にされるものです。ほかの投稿と比べて非常に多い数値が出た場合は気を付けましょう。

```
否定的な意見

1 投稿を非表示       0 全投稿を非表示

0 スパムとして報告    0 いいね！取り消し
```

▲ 投稿に対する否定的な意見を確認できます。

> **投稿の非表示**：この投稿のみ非表示にした件数
> **全投稿を非表示**：この投稿だけでなく、ページからのすべての投稿を非表示にした件数
> **スパムとして報告**：投稿をスパムと思われ Facebook に報告されてしまった件数
> **いいね！取り消し**：Facebook ページへの「いいね！」を取り消されてしまった件数

データをエクスポートしてさらに深く知る

これまで見てきた数値は、エクセルなどのフォーマットでダウンロードすることができます。**ダウンロードすることで独自の集計方法などを用いて数値を管理していくことも可能**です。

インサイトに表示されている数値を確認するだけでは、ほかの投稿との比較など検証するには不十分な部分も多いので、**蓄積したデータはエクスポートして検証**していきましょう。

▼データをエクスポートする

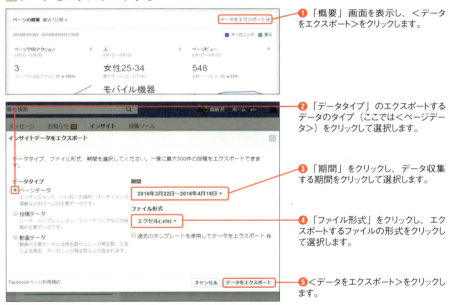

❶「概要」画面を表示し、＜データをエクスポート＞をクリックします。

❷「データタイプ」のエクスポートするデータのタイプ（ここでは＜ページデータ＞）をクリックして選択します。

❸「期間」をクリックし、データ収集する期間をクリックして選択します。

❹「ファイル形式」をクリックし、エクスポートするファイルの形式をクリックして選択します。

❺＜データをエクスポート＞をクリックします。

▼エクスポートできる3種類のデータタイプ

ページデータ	Facebookページに対してのエンゲージメントやFacebookページへの「いいね！」がどの経路で付いたのか、ページと接触したユーザーの詳しい情報がエクスポートできます。
投稿データ	各投稿ごとのリーチやインプレッション、否定的な意見などの詳細なデータがエクスポートできます。
動画データ	動画の再生数や再生が広告によるものなのか、オーガニックなものなのかなどのデータをエクスポートできます。

▲ データをエクスポートする際、3種類のデータタイプより選択することができます。

Section 066 分析

第6章 効率的に売り上げをアップ！投稿＆顧客の分析

インサイトでそのほかの データを確認する

インサイトには、投稿以外の分析項目も数多くあります。さまざまな項目の分析を行って現状を正しく把握し、Facebookページの運営が当初の目的に沿って進められているかを確認していきましょう。

インサイトで確認できるそのほかのデータ

インサイトには、投稿以外の分析項目も数多くあります。Facebook ページにどれだけの「いいね！」が付いているのか、また狙い通りのターゲット属性の人たちがファンになっているのか、また、どのページがどのくらい見られているかもチェックしたりすることができます。また、Facebook ページ以外のどの Web ページから、皆さんの Facebook ページに来訪しているかもわかります。Facebook ページへの集客がうまくいっているか、当初想定していたターゲットの人が集まり、アクションをしてくれているかどうかも確かめましょう。

「いいね！」画面に表示されるデータ

インサイトの左メニューの「いいね！」では、**「いいね！」の推移や、どういった経路から「いいね！」が付いたのかを把握できます**。

▼今日までの合計「いいね！」数

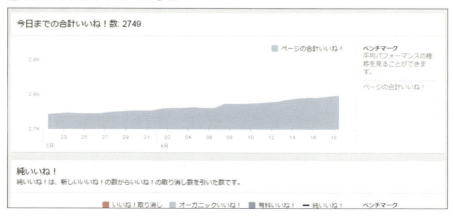

▲ 日別で「いいね！」数の推移を追いかけることができ、確認したい日程にマウスオーバーをすると数値が表示されます。

▼ 「いいね！」の純増数

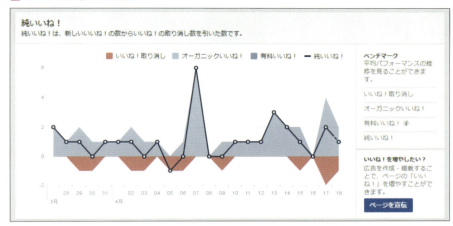

▲ 折れグラフは日別の「いいね！」の純増数です。新たに付いた「いいね！」から「いいね！」の取り消し数を引いたものになります。「いいね！」の取り消しが多い日は、どんな投稿をしたのか確認しておきましょう。

▼ 「いいね！」の出所

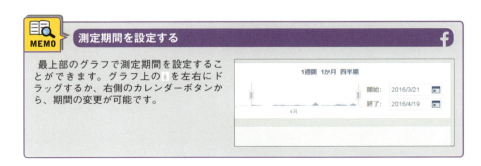

▲ 上の「純いいね!」画面でグラフ上の任意の位置（日付）をクリックすると、どこから「いいね！」が付いたのか表示されます。

> **MEMO　測定期間を設定する**
>
> 最上部のグラフで測定期間を設定することができます。グラフ上の ▮ を左右にドラッグするか、右側のカレンダーボタンから、期間の変更が可能です。

「リーチ」画面に表示されるデータ

インサイトの左メニューの**「リーチ」**では、日別での投稿リーチ数、一定期間内のリーチの推移などを確認できます。また、**リーチ数の拡大につながるリアクション、コメント、シェアの数の推移もわかります。**

▼投稿のリーチ

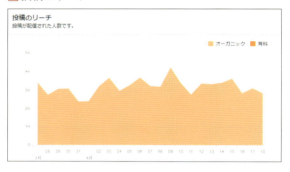

◀「投稿のリーチ」では、投稿が配信された人数の推移を確認できます。

▼リアクション、コメント、シェアの推移

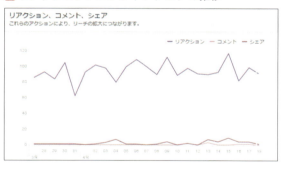

◀ 日ごとのリアクション総数、コメント、シェア数や否定的な意見などがわかります。任意の日をクリックすると、どの投稿にどれだけのリアクションが付いたのかが把握できます。

▼合計のリーチ

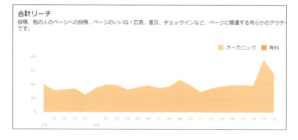

◀ 投稿だけでなく、チェックインやほかの人のページへの投稿など、さまざまな形でのリーチ総数がわかります。とくに、店舗などを運営している場合は、チェックインでリーチは大きく変わるため、確認しておきましょう。

「ページビュー」画面に表示されるデータ

　インサイトの左メニューの**「ページビュー」**では、Facebookページがどれだけ、どのような属性のユーザーに見られたのかを確認できます。また、**Facebookページのどのセクションがよく見られているのかを確認することもできます。**

▼合計のページビュー

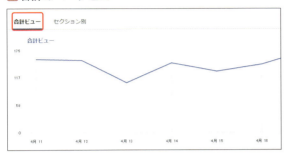

◀「合計ビュー」では、Facebookページが閲覧された回数の推移を確認できます。

▼閲覧者の総数

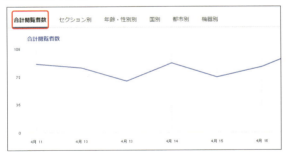

◀「合計閲覧者数」では、日別の合計閲覧者の数の推移を確認できます。

▼閲覧者の属性

◀「年齢・性別別」では、閲覧者の年齢と性別ごとの数値を確認できます。ターゲットとしているユーザー層に閲覧されているか確認しましょう。

▼ 閲覧の機器別数

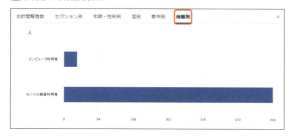

◀「機器別」では、閲覧時の使用端末を確認できます。大半はスマートフォンからの閲覧を示す、モバイル機器利用者の割合が多くなる傾向にあります。実際にコンピュータ利用者とどれだけ差があるのかを把握するようにしましょう。

▼ どのサイトから Facebook ページに来訪したのか

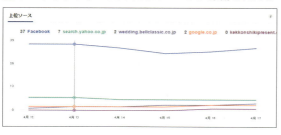

◀「上位ソース」では、どの Web ページから皆さんの運営する Facebook ページに来訪したかを知ることができます。ソーシャルプラグインなどを入れている場合は、その効果がどれだけあるのかを確認できます。

「利用者」画面に表示されるデータ

　Facebook ページのファンの属性だけでなく、投稿がどのような属性の人にリーチしているのか、その中で、どのような属性の人が反応しているのかを把握できます。**しかし、必ずしもファンの属性の比率と反応している人の属性の比率がイコールにはならないので注意が必要**です。

　たとえば、当初の目的で 20 代後半の女性がターゲットだとします。ファンの属性は 20 代後半だったとしても、リーチしているのが 40 代の女性になっていたり、反応しているのが 20 代の男性の可能性もあります。これは、投稿の内容が集めたファンとマッチしていない証拠で、売り上げにつながらない人から多くの「いいね！」を集めている可能性も考えられます。定期的にチェックしましょう。

ターゲット	リーチ	アクション
20 代女性	40 代女性	20 代男性

◀ 狙い通りの属性のファンを獲得できていても、「リーチした人」「アクションを実行した人」の属性が想定とは違う場合は、投稿の内容を見直していく必要があります。

▼ファンの属性

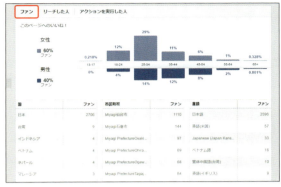

◀「ファン」では、このページに「いいね!」をしている人、つまりファンの属性を確認できます。また、年齢・性別ごとに、総数に対する割合も表示されます。狙い通りのファンが獲得できているかチェックしておきましょう。

▼リーチした人の属性

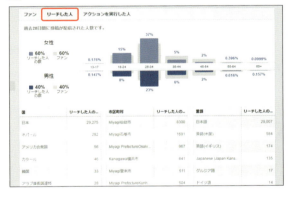

◀「リーチした人」では、Facebookページがリーチしたユーザーの属性を確認できます。「リーチした人」の属性が濃い棒グラフで表示され、その背後に薄い棒グラフでファンの比率が表示されます。ファンの属性比率と「リーチした人」の属性比率を比較してみましょう。

▼アクションを実行した人の属性

◀「アクションを実行した人」では、Facebookページ上で「いいね!」やコメント、シェアなどのアクションをした人の属性を確認できます。「アクションを実行した人」の属性は、濃い棒グラフで表示され、その背後にファンの属性比率が薄い棒グラフで表示されます。

Section 067 反応のよい投稿の「種類」を見極める

第6章 効率的に売り上げをアップ！投稿&顧客の分析

分析

個別の投稿に対する反応を確認して、反応のよい投稿の傾向を見極めましょう。そうすることで、投稿の精度が上がり、よりよい反応を得られるような投稿を行うことが可能になります。

▶ 反応のよい投稿の「傾向」を分析する

反応がよい投稿を見つけたら、その傾向をおさえていきましょう。どのような投稿を、どのタイミングで投稿すれば反応がよいのかを的確に理解し、そのうえで**1つ1つの投稿に対して工夫ができるよう**にしましょう。

◉ 投稿をカテゴリー分けする

よい投稿を見つけていくためには、**投稿をカテゴリー分けして、あとで集計しやすくしておくとよい**でしょう。どのような内容が、どれだけの「いいね！」を取れるか明確にさせることができ、反応が悪いカテゴリーがあれば、投稿の内容を根本的に変えるか、カテゴリー自体を廃止するなど、対策を考えやすくなります。

飲食店を例に、投稿内容から投稿のカテゴリー分けまでを考えてみましょう。

▼ 来店するお客様がどのような基準でお店を選ぶのか考える

・お店の雰囲気	・店員の対応	・料金
・料理、飲み物	・ほかのお客様の声（クチコミ）	

仮に、上記ような基準でお店を判断するとします。その場合、どのような内容の投稿ができるか、考えてみましょう。

▼ 実際に撮影できる素材をイメージしながら、どのような投稿ができるか考える

お店の雰囲気：どのようなお店かを伝える写真（落ち着いた感じ、にぎやかな感じ、ファミリー向けなど）、インテリアや外観など
料理、飲み物：新メニュー、売れ筋メニュー
店員の対応：店員の紹介、調理風景の紹介、メニューといっしょに撮影
ほかのお客様の声：実際に来店されたお客様の写真
料金：割引や特典などがあれば写真付きで掲載

実際に、どのような投稿ができるのかをイメージできたら、それを**簡潔に表現できるキーワードをカテゴリーとしましょう**。たとえば、「新メニュー」や「店員の紹介」などを1つのカテゴリーとして定義するとよいでしょう。また、以下の画面のカテゴリーも参考にしてみてください。

❖ カテゴリー分けした投稿の分析をする

カテゴリーを決めたら、カテゴリーごとに数値をまとめる作業を行います。カテゴリー分けした投稿の分析を行うには、P.175で紹介した**「投稿データ」のエクスポート機能を利用します**。データをエクセル形式でエクスポートして、投稿の横にカテゴリー名を追加し、そのカテゴリーごとに「いいね！」やコメントなどの数値を集計していきましょう。これによって、どのカテゴリーの反応がよいかが明確になります。

▲ 投稿メッセージの横に列を作り、カテゴリーや投稿のタイプなどを入れましょう。

▲ カテゴリーごとに反応を集計します。

インサイトだけでは確認できない

インサイトを利用して、投稿の反応数について確認することはできますが、分析項目はカテゴリーごとに分けられているわけではありません。設定しているカテゴリーには、各Facebookページごとにオリジナリティがあるはずなので、インサイトだけでは確認できないのです。

反応のよい投稿の「タイミング」を予測する

　Facebookページを利用している多くのユーザーは、**「ニュースフィード」で友達の近況や「いいね！」をしたFacebookページの投稿を見ています**。ただし、当然のことながら、1日中ニュースフィードを眺めている人はおらず、空いている時間を見つけてはチェックしていることでしょう。**ユーザーがニュースフィードをチェックしている時間帯**がわかれば、そのタイミングに合わせて投稿をすることでユーザーに投稿を見てもらえる可能性が高くなります。

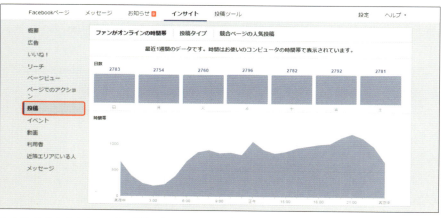

▲「インサイト」の左メニューの＜投稿＞をクリックすると、「ファンがオンラインの時間帯」が表示されます。曜日別のアクセス数、1時間単位でアクセスしている時間帯を確認できます。

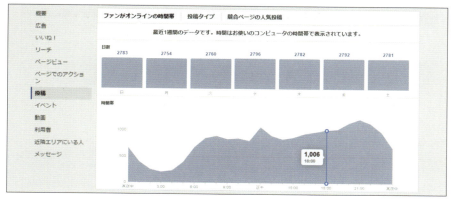

▲曜日のグラフ部分にマウスオーバーをすれば、曜日別の時間帯アクセスも確認できます。とくに、平日と土日に違いがある可能性は高いのでチェックしておきましょう。

競合ページの人気投稿を参考にする

　反応のよい投稿を知るためには、**競合ページの人気投稿をチェックすることがおすすめです**。どの会社やお店にも、競合製品や競合店があります。インサイトでは、競合となる企業や店舗のFacebookページの動きを随時チェックすることができます。競合に限らず、ベンチマークしておきたいFacebookページや、参考にしたいFacebookページは登録をしておいて、**どのような投稿が反応がよいのかを確認し、運営するFacebookページの投稿に活かしていきましょう**。

▲ インサイトで＜投稿＞→＜競合ページの人気投稿＞の順にクリックすると、登録した競合ページで反応がよい投稿の一覧を確認できます。

▼「競合ページの人気投稿」に競合ページを登録する

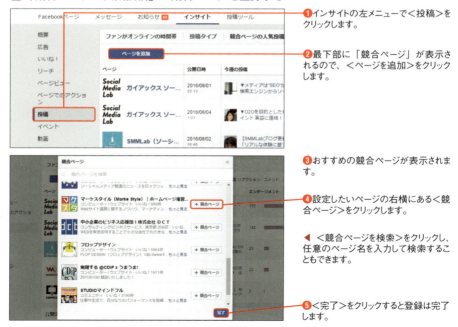

❶インサイトの左メニューで＜投稿＞をクリックします。

❷最下部に「競合ページ」が表示されるので、＜ページを追加＞をクリックします。

❸おすすめの競合ページが表示されます。

❹設定したいページの右横にある＜競合ページ＞をクリックします。

◀ ＜競合ページを検索＞をクリックし、任意のページ名を入力して検索することもできます。

❺＜完了＞をクリックすると登録は完了します。

Section 068 ネガティブフィードバックを見逃さない

第6章 効率的に売り上げをアップ！投稿＆顧客の分析

分析

せっかく集めたファンでも、投稿次第では「いいね!」を取り消されることがあります。商品の認知を得るための投稿も、マイナスの印象を与えてしまっては逆効果ですので、原因を把握するようにしましょう。

ネガティブフィードバックの問題点

　Facebookページのインサイトでは、投稿に対するよい評価だけでなく、悪い評価も数値として表示されます。これは、**「ネガティブフィードバック」**と呼ばれ、「否定的な意見」の数値で表されます。**「否定的な意見」が多いとユーザーの心象を悪くするだけでなく、ページ全体のエッジランクを下げるともいわれています**。エッジランクが下がれば、ほかの投稿のリーチも少なくなる可能性が高いので、しっかりとネガティブフィードバック対策を行いましょう。

▼「否定的な意見」と定義されている行為

- ニュースフィードに流れてきた投稿のみを非表示にする
- すべての投稿を非表示にする
- Facebookページへの「いいね！」を取り消し
- スパムの報告

ネガティブフィードバックの原因を考える

　「否定的な意見」が入った場合、投稿自体を見直すことを考えましょう。その**投稿の何かが、ファンが期待するものとマッチしていない**ので、**「否定的な意見」**が寄せられるわけです。

　アパレルブランドのFacebookページで、女性は占いが好きだからといって占いの投稿をしたり、ホテルのレストランのFacebookページで、併設している結婚式のサービスに関する情報を投稿しても反応はよくありません。そのような投稿が、「否定的な意見」につながりやすいかと思います。

　またファンの集め方にも問題があるケースもあります。キャンペーンなどで多くのファンを集めても、プレゼントがほしいだけのファンは「否定的な意見」につながるケースが多いようです。

▼「否定的な意見」を確認する

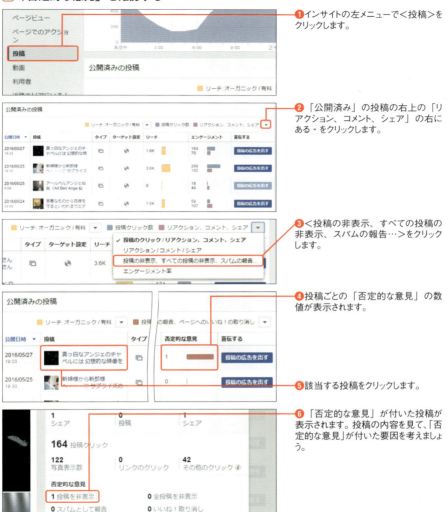

❶ インサイトの左メニューで＜投稿＞をクリックします。

❷ 「公開済み」の投稿の右上の「リアクション、コメント、シェア」の右にある ▼ をクリックします。

❸ ＜投稿の非表示、すべての投稿の非表示、スパムの報告…＞をクリックします。

❹ 投稿ごとの「否定的な意見」の数値が表示されます。

❺ 該当する投稿をクリックします。

❻ 「否定的な意見」が付いた投稿が表示されます。投稿の内容を見て、「否定的な意見」が付いた要因を考えましょう。

カテゴリーごとに分析する

カテゴリーごとの数値をまとめる際、投稿のよい反応だけでなく「否定的な意見」もいっしょに集計しましょう。カテゴリーとして「否定的な意見」が多いようであれば、ユーザーによくない印象を与えている可能性があります。「否定的な意見」を多く集めるカテゴリーがある場合は、カテゴリー内容の見直しも検討しましょう（Sec.067参照）。

Section 069 投稿を「狙い」ごとに区別して分析する

分析

第6章 効率的に売り上げをアップ!投稿&顧客の分析

Facebookページを運営していると、どうしても投稿に「いいね!」が付くことを重要視しがちです。しかし、必ずしも「いいね!」が付かない投稿がよくないというわけではないので、注意が必要です。

投稿の「狙い」と「いいね!」の関係

投稿に**「狙い」**を持たせるためには、ファンが商品を購入するに至るまでの思考回路と、そこでのアクションをイメージすることが重要です。その**思考経路などにマッチした内容を検討し、狙って投稿しましょう**。ただ、その「狙い」によって投稿への反応、つまり「いいね!」が多く付くもの、付きにくいものが出てくるので、それを念頭においたうえで分析をする必要があります。

◀ 商品を購入するまでに、どういったアクションが行われるのかを考えましょう。

たとえば、最初に「情報収集」を行い、競合商品との「比較」をしてから「行動」を起こすような商品があるとします。そして、「情報収集」、「比較」、「行動」のそれぞれの「狙い」を持った投稿を行うとします。このとき、実際に購入の検討をしてない人にとっては、「情報収集」の投稿には「いいね!」をしても、「比較」、「行動」の投稿には「いいね!」は付きにくいでしょう。

とくに、「行動」を狙った投稿には、購入や申込みサイトへの誘導するためのURLなどといっしょに投稿することも多いと思います。そのような投稿の場合は、「いいね!」をしてもらうよりも、リンクをクリックしてもらうことのほうが重要になるので、「いいね!」が少なくても気にする必要はありません。

反対に、「ファン」にするための投稿は「いいね!」などの反応をたくさん取らなければいけません。この投稿は、**ファンがこのページの投稿を楽しんでくれているかどうかを測るバロメーターにもなる**ので、「ファン」になってもらおうという狙いの投稿は、「いいね!」が付くかどうかは重要です。

このように、**「いいね！」などの反応が少なくても気にしなくてもよい投稿がある**ことを覚えておいてください。それらの投稿は売り上げにつながる**「役割」**を持つ投稿なので決してやめないようにしましょう。

「狙い」ごとに区別して分析する

「狙い」ごとに区別した投稿は、Sec.067の「カテゴリー」ごとに分けて分析する手法と同様に、インサイトのデータをエクスポートしてエクセルで集計します。

	投稿件数	リーチ数	いいね	シェア	コメント	リンククリック数	リンククリック率	エンゲージメント率
情報収集	13	1760.8	19.3	1.9	0.6	22.0	1.25%	1.24%
比較	7	1227.6	14.2	0.7	0.1	14.0	1.14%	1.23%
行動	6	1493.1	12.2	0.2	0.2	46.0	3.08%	0.84%
ファン	23	3028.6	57.2	4.2	3.4	25.3	0.84%	2.14%

▲ Facebookページのファンが認知をしてから行動を起こし、ファン化していくまでの過程ごとに投稿の反応を分析します。それぞれの「狙い」によって反応の数値が変わります。

上図のように、**「情報収集」「比較」「行動」「ファン（獲得）」**と分けて投稿の反応を確認します。この中でおさえておきたいポイントは、「ファン」の狙いを持たせた投稿ではエンゲージメント率を高くしなければいけないということ、「行動」の狙いを持たせた投稿では売り上げにつながる数値を計測しておくということの2点です。

後者についてたとえば、ECサイトのFacebookページを運営しているとします。そして、「行動」の狙いを持たせた投稿として、購入してもらいたい商品のURLを入れた投稿を行います。これによってURLクリック数やクリック率を計測できるようになるので、これらの数値を分析・検証に利用することが可能になります。

	投稿の「狙い」	期待すること
情報収集	商品を知ってもらう	多くのリーチ
比較	競合との優位性を知ってもらう	多くのリーチ
行動	購入にいたる導線を作る	多くのリンククリック
ファン（獲得）	エッジランクを上げる	高いエンゲージメント率

▲ 投稿の「狙い」によって、その投稿に期待するファンの反応は異なります。

すべての投稿に「狙い」を定め、「狙い」ごとにファンがどのように反応しているかどうかを追いかけていくようにしましょう。

Section 070 分析

第6章 効率的に売り上げをアップ！投稿＆顧客の分析

なぜ「いいね！」が付いたのかを分析する

投稿に「いいね！」が付くのには色々な要因があります。どのような内容を、何時に投稿したのかというポイントに加え、投稿の写真を見たときに感じる印象も要因と捉えると投稿の幅が広がります。

「いいね！」が付いた要因を分析する

「いいね！」がたくさん付いた投稿を参考に、新たな投稿を企画しようとしても、投稿のどういった要素を参考にしたらよいのか見極めるのは容易ではありません。ですので、「**どのような内容の投稿をしたのか**」、「**投稿を見たときに感じる印象**」、「**写真撮影テクニック**」の3つの観点に的を絞り、「いいね！」が付いた要因を見極めていきましょう（Sec.048も参照）。

◉ 投稿内容（どのような内容の投稿をしたのか）

投稿の文章や写真の被写体のテーマなどの中で、反応を上げた要素として考えられるポイントを挙げます。その際、今後の投稿に活かせるように汎用性のある要素を挙げるように心がけましょう。

◀ 女性に人気のネイルアートのデザインを紹介しています。

◉ 感情（投稿を見たときに感じる印象）

　情報をできるだけ早く消費しようとする昨今では、写真の力で目を止めさせることが重要です。投稿を見たユーザーに「かわいい！」「きれい！」と感じてもらうには、**印象的な写真を添えて投稿する**ようにしましょう。また、日常にありふれた内容ではなく、意外性のある投稿や共感を得られるような投稿をすることで、**ユーザーの目を止められるよう工夫することが大切**です。

◀ 結婚式で「ケーキ入刀」に使用するケーキが登場したところを撮影した写真です。

◉ 写真撮影テクニック

　「感情」と同様に、ユーザーの目を止めさせる「写真」にまつわる要素です。構図的に、「引いた」写真よりも「寄り」の写真の方が反応がよかったり、カメラを斜めにして撮影をして違和感を持たせたりして投稿をすると**反応がよくなる傾向**があります。また、最近ではスマートフォンでかんたんに写真を見栄えよく加工できるアプリもたくさんあるので、活用してもよいでしょう。

◀ 逆光を利用して印象的なシルエットを映し出しています。

Section 071 分析

第6章 効率的に売り上げをアップ！投稿&顧客の分析

投稿の結果を比較して精度を上げる

Facebookページの運営でもっとも重要なのは、投稿の結果を検証することです。狙い通りの反応が得られているか、最終的に売り上げにつながっているのかを検証し、投稿の精度を上げていきましょう。

▶ 投稿の結果を比較するためには計画が重要

日々、Facebookページに投稿していくうえで、事前に**「いつ」「どのような」投稿をするのかという計画を立てることが重要**です。なぜならば、特定の「狙い」の投稿が頻発するとファンに飽きられ、正確な結果が出ないためです。

たとえば、「行動」をうながす投稿が何度も頻発しては、ファンに煩わしいと思われてしまうかもしれませんが、新製品の発表や新しいメニューが登場するときなどには、Facebookページの投稿で紹介したいはずです。**事前に計画を立てることで、ファンに適切な頻度で投稿を届けることができます。**

狙いの異なる投稿を、それぞれ月に何本ずつ行うのかを定め、その本数に合わせてスケジュールに落とし込み、具体的な投稿の内容を考えていくというステップがおすすめです。そして、実際に投稿したあとは、投稿を狙いごとに分けて結果を比較しましょう。

日	月	火	水	木	金	土
−	ファン	情報収集	情報収集	行動	ファン	−
−	ファン	ファン	比較	行動	ファン	−
−	情報収集	ファン	ファン	行動	比較	−
−	ファン	比較	ファン	行動	ファン	−
−	情報収集	ファン	情報収集	行動	ファン	−

▲ 週休二日制（土日休み）の企業の投稿予定カレンダーの例です。このように、投稿予定カレンダーを作成し、いつ、どのような「狙い」の投稿をするのか決めておきましょう。

検証のタイミングとポイント

投稿を検証する時間は、月に1回、大体2時間くらい確保しましょう。**投稿が狙い通りの結果を出せたのかどうかをチェックする**ために、以下の4つのステップを実行しましょう。

1. **データの集計**
   インサイトから任意の期間の「投稿のデータ」をエクスポートし、データを集計します。
2. **投稿を狙いごとに分析**
   「狙い」ごとに投稿を分析していきます。「ファン」の投稿で反応総数(「いいね!」、コメント、シェア)とエンゲージメント率の上位3位までの投稿をピックアップし、反応のよい要素を洗い出します。
3. **行動に関する投稿を分析**
   「行動」の投稿を分析します。たとえば、リンクをクリックすることが「行動」のゴールの場合は、リンククリック数を集計しましょう。
4. **反応がよい投稿の要素を探る**
   そのほかの狙いの投稿も全投稿と比較して、どれだけの反応を得られているのかをチェックします。反応がよい投稿の要素を洗い出していきましょう。

投稿	リーチ数	いいね	コメント	シェア	反応数	反応率
続き♥ ❑フォトサービスの時にお二人がまわってきたら　せ	4827	111	2		113	2.34%
♥❑当選者結婚式第1号♥❑応募動機は　みんなが元気なうちに	11092	196	1	3	200	1.80%
お見送り中に　みんなでハイチーズ❑#　披露宴中に撮れなか	4150	100	1		101	2.43%
ばばままの間で　にっこり❑❑　#間でにっこり	3764	127	4		131	3.48%
ベリーペイント番外編♥❑旦那さんがビデオを回してる写真	9802	150	2	1	153	1.56%
ご両家のお父様と中座❑　中座には　パターン方法があり ー	4203	103	1	1	105	2.50%
チャペル❑は人生を表してます❑　「チャペルの扉＝人生の	4816	119	2		121	2.51%
新郎新婦様が持ってるのはウエイトベアー❑　ウエイトベア	4684	122	4		126	2.69%
リングガール❑　挙式中❑に指輪❑を　持ってきてくれる女	5919	131	2		133	2.25%
披露宴中にお母さ❑っとパシャリ❑❑	5311	118	2		120	2.26%
挙式後の アフターセレモニー❑❑　もし雨❑が降った場合は ❑	5561	128	3		131	2.36%
新婦様のお父様に　これからよろしく　お願いします❑っとあ❑	3654	105	3		108	2.96%
お見送りでのワンシーン❑　お二人のプチギフトは❑お顔輪❑	6016	119	2		121	2.01%
本日のウエディングケーキ❑　エルモとクッキーモンスター❑	5150	134	4	1	139	2.70%
新郎様のお手紙♥❑ 結婚式❑だからこそ 大切な人たちに　素直	4315	113	5		118	2.73%
誕生日ケーキ❑　サプライズで　お父様の誕生日をお祝いし❑	5567	130	2		132	2.37%
誕生日ケーキ❑　お子様の1歳の誕生日ケーキ❑を　はなが❑	4053	115	2		117	2.89%

▲ エクスポートした「投稿のデータ」です。

上記のような分析を毎月実施して、**反応がよかった投稿の要素を次の投稿の企画に活かします**。たとえば、「来店」が目的の場合は、投稿ごとに数値を取ることができないので、毎月の来店数を追いかけながら、月次での投稿の反応総数の推移を集計し、来店数と比較しましょう。

Section 072 分析

第6章 効率的に売り上げをアップ！投稿&顧客の分析

疎遠になったファンにアプローチするには？

離れていってしまったファンに再びアプローチするには、2つの方法があります。かなり反応のよい投稿を生み出すか、費用をかけてFacebook広告を出稿するかの、いずれかです。

疎遠になったファンにアプローチする

　投稿に反応しなくなってしまったファンは、エッジランクが下がっていき、そのファンのニュースフィードにはFacebookページの投稿が表示されにくくなってしまいます。そのような状態になったファンに、再び投稿をリーチさせることは容易ではありません。

疎遠なファンにアプローチする2つの方法

　1つ目は、**非常に高い反応をもらえる投稿を生み出すこと**です。エッジランクの「重み」が上がれば、離れていったファンに再度、投稿を届けることができるかもしれません。2つ目は、Facebook広告を利用することです。Facebook広告を使うとファンに対して**「広告として」投稿を見せる**ことが可能です。

「いいね！」がたくさん付く投稿

広告を出稿

▲ ファンにFacebookページの存在を思い出してもらう2つの方法は、いずれもかんたん・気軽には実施できません。

離れていくファンを追うべきか

　どんなにうまく運営をしていても、**すべてのファンのエッジランクを上げ続けることは不可能**です。これは、運営側だけの問題ではなく、ファンの興味や環境も変わり続けるので、当然のことです。しかし、投稿の検証を繰り返し、反応も増えてきたFacebookページの場合、離れていったファンを呼び戻す価値はあります。Facebook広告に費用を使ってでもファンを呼び戻しましょう。

第7章 さらなる顧客の獲得を狙う! Facebook広告の活用法

Section 073	Facebook広告で新規顧客の獲得を狙う
Section 074	広告の目的を明確にする
Section 075	Facebook広告の種類
Section 076	広告出稿の準備をする
Section 077	Facebook広告を出稿する
Section 078	Facebook広告を表示するターゲットを決める
Section 079	Facebook広告の金額や期間を決める
Section 080	Facebook広告を配置する位置を決める
Section 081	Facebook広告の画像やテキストを決める
Section 082	広告の成果を確認する
Section 083	カスタムオーディエンスを最大限活用する
Section 084	実際の顧客データから新規見込み客を絞り出す
COLUMN	ビジネスマネージャとは?

Section **073** Facebook広告

第7章 さらなる顧客の獲得を狙う！Facebook広告の活用法

Facebook広告で新規顧客の獲得を狙う

Facebook広告は、インターネット広告の中でももっとも注目されている広告媒体の1つです。Facebook広告ならではの特徴があるので、新規顧客を獲得していくうえで大いに役立ちます。

▶ Facebook広告とは？

　Facebookは、Yahoo!や楽天市場に並ぶ日本国内でも最大級の利用者がいるWebメディアです。国内のFacebook広告配信対象者は約2,400万人（2016年6月現在）といわれており、そこに広告を露出して自社サイトなどに誘引をかけたいと思う企業も当然多くいます。

　Facebook広告は、Facebookならではの特徴を備え、特定のターゲットにのみ配信するなど、豊富な機能を備えています。

　また、広告を配信するターゲットには、自社のWebサイトへの来訪者や自社で所有しているメールアドレスなどのデータなどから指定することも可能です（P.213参照）。今まで、なかなか効率的に獲得することができなかった新規顧客を、Facebook広告を活用することで獲得していきましょう。

▲ Facebook広告は、このように表示されます。

Facebook 広告の 3 つの特徴

Facebook 広告を活用していくうえで覚えておきたい **3 つの特徴** を紹介します。

1. 広告配信先の絞り込み条件が豊富

Facebook 広告では、「地域」「年齢」「性別」「言語」などで配信先を絞り込むことが可能です。「地域」は市区町村単位で設定できるだけでなく、設定した住所から半径○ km までの設定や除外地域の設定なども可能です。

▲ 設定住所からの絞り込みができるため、「世田谷区に住んでいる 22 〜 36 歳までの子どものいる女性」だけに広告を配信することも可能です。

2. 管理画面上でかんたんに設定

Facebook 広告は、広告配信を開始・終了するタイミングや、利用金額も自由に決めることができます。配信設定をしてから、実際に広告が配信されるまでに Facebook の審査が行われますが、タイムラグはほとんどありません。広告の設定だけでなく、広告の結果も管理画面上で確認できるので、結果のよかった広告を再度配信したり、少し条件を変更して配信したりすることも、慣れれば数分で設定できます。

3. 友達の情報を生かした露出

広告に「いいね！」をしている自分の友達の名前が表示されます。自分の友達の名前が出てくると、「広告」というプッシュの情報が少し薄れ、親近感がわく可能性もあります。また、「あの人がいいね！しているんだったら、ちょっと広告の先にある Facebook ページを見てみようかな」という気持ちにもなるのではないでしょうか。

▲ 配信される広告の上部に、広告の投稿に対して「いいね！」をしている自分の友達の名前が表示されます。

Section 第7章 さらなる顧客の獲得を狙う！Facebook広告の活用法

074 広告の目的を明確にする

Facebook広告

Facebook広告にはさまざまな種類があり、目的に応じて出稿する広告の種類を選ぶことができます。そのためにも、まずは広告の目的を明確にしましょう。

▶「新規売り上げ」と「リピート売り上げ」のどちらを狙うか

　売り上げを設計するうえで、「**新規顧客を獲得して売り上げにつなげていく方法**」と「**既存顧客からリピート売り上げを獲得していく方法**」は異なります。まずは、どのような目的のために出稿する広告なのかを明確にしておきましょう。

● 新規売り上げを上げていく

　新規顧客、つまり、**皆さんの商品・サービスを知らないユーザーにとっては、「Facebook広告」が最初の接点**となります。しかし、広告を見ただけで、すぐに利用しよう、購入しようと判断に至るユーザーはまずいないでしょう。では、新規顧客をどのようにすれば購入というアクションに移行させることができるのでしょうか？

　たとえば、飲食店であればメニューを紹介する、お店の雰囲気を伝える、お客様の声を紹介するなどのWebページへの誘引がお店の利用につながるといえます。高額の商品を販売している場合は、商品の魅力、競合商品との機能比較、利用者の声などを紹介する方法もあるでしょう。

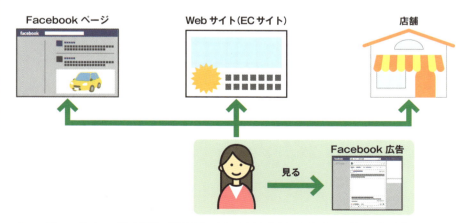

▲ ニーズにマッチしたユーザーに届け、どのようなアクションを起こさせることができるかがキーになります。

Facebook広告では、Facebookページを紹介するほか、Facebook以外のWebページに直接誘引することも可能です。しかし、情報を継続的に届けたい場合は、**Facebookページに「いいね！」をもらうことを目的**にするとよいでしょう。新規の見込み客にFacebookページに「いいね！」をもらうには、Facebook広告がもっとも有効な手法といえます。

◎リピート売り上げを上げていく

　リピート売り上げを上げていくために、もっとも重要なのが、商品の利用満足度です。一度、利用・購入したのであれば、購入した商品が自分に合っているか、最大限に利用できたかどうか、料金に見合っているかどうかを判断するものです。

　ただ、驚くほどの満足度がなければ、日々の情報に埋もれてしまって、利用したことすら忘れてしまいます。忘れられないようにするためにも、Facebookページに「いいね！」をもらうことが重要です。既存顧客からFacebookページに「いいね！」をもらい、継続的に情報を提供し、忘れられないような状態を作り、リピートの売り上げにつなげていくというのが理想の形です。なお、**Facebook広告で既存顧客にアプローチするためには、メールアドレスを照合させる方法がもっとも有効**です（P.213参照）。

◀ 世の中には消費者を満足させる商品はたくさんあります。いかに忘れられないようにするかがポイントです。

　Facebook広告の目的を明確にするためには、まず、**どのような人に何をしてもらうかを明確にする必要があります**。新規顧客を獲得していくのか、既存顧客にリピートしてもらうのか、またFacebook以外のページに誘導するのか、Facebookページに「いいね！」をもらうのかなど、どのようにして売り上げにつなげていくのかを明確にしてから、Facebook広告を出稿していきましょう。

Section 第7章 さらなる顧客の獲得を狙う！Facebook広告の活用法

075 Facebook広告の種類

Facebook広告

Facebook広告には、全部で13種類の広告があります。広告を出稿することで何を達成したいかを明確にしたら、出稿する広告の種類を選択しましょう。

▶ 13種類のFacebook広告

Facebook広告は、全部で13種類の広告があります。**達成したい目標に合った種類の広告を選択して出稿しましょう**。ここでは、種類ごとに広告を紹介します。

▲ Facebook広告には、さまざまな種類の広告が用意されています。

◎①投稿を宣伝

Facebookページで作成した投稿を広告として宣伝することができます。多くのユーザーに読んでもらいたい投稿のエンゲージメントを上げたいときに有効です。たとえば、キャンペーンの告知や、新メニューの紹介の投稿を宣伝すると確実に情報を広めることができます。また、**投稿のエンゲージメントが高まる**だけでなく、副次的にFacebookページへの**「いいね！」を増やすことができる**ため、もっとも利用されている広告の1つとなっています。

②Facebookページを宣伝

　Facebookページへの「いいね！」を増やしたいときに利用します。この広告を選択すると、Facebookページに**「いいね！」してくれると思われるターゲット層に、優先的にリーチする**よう最適化されたうえで広告が配信されます。顧客にしたいターゲットに向けて広告を配信できるので、そのターゲット層に対して効率的に認知を広げることができます。

③近隣エリアへのリーチ

　店舗への来店者数を伸ばしたい場合に有効な広告です。店舗からの半径距離を設定することができるので、地域のコミュニティや近隣の人をターゲットとして指定できます。この広告を選択すると、地域のコミュニティでの認知度向上につながります。

▲ ターゲット地域の設定では、潜在リーチ数を確認できます。

④ブランドの認知度をアップ

　広告に興味を示す可能性が高そうな人に向けて広告を配信し、ブランドの認知度を上げることができます。「申し込む」「お問い合わせ」「ダウンロード」「詳しくはこちら」など9種類のボタンの中から選択でき、広告を見たユーザーに次のアクションをうながすことができます。

▲ もっとも新しく追加された種類の広告です。

⑤ウェブサイトへのアクセスを増やす

Facebook から、外部のサイトへの誘導をするための広告です。どのページに誘引するかを自由に設定することができるので、自社の Web サイト、EC サイトやキャンペーンページなど、**ユーザーに見てほしいページへ自由に誘導できます**。初期設定では、広告をクリックする可能性の高いユーザーにリーチするよう、広告が最適化されています。

⑥アプリのインストール数を増やす

アプリを開発、運営している場合など、**アプリのインストール数を増やしたい場合**に選択します。ユーザーがアプリをインストールできるアプリストアへのリンク付きの広告を作成することができます。

⑦イベントの参加者を増やす

Facebook でイベントを設定している場合、より多くの人にイベントについて知ってもらい、反応してもらえるように**イベント広告を作成**できます。ユーザーにイベントのお知らせや最新情報が送られ、「興味あり」や「参加予定」と回答した利用者の数が管理画面でわかるようになります。

⑧動画の再生数を増やす

最近、非常に利用が増えているのが動画広告です。この広告を選択すると**動画が埋め込まれた広告**を作成できます。動画を撮影していない場合は、3～7枚の画像を選択すると自動的にスライドショー動画を作成し、それを動画広告として利用することもできます。動画広告は、製品発表や新メニューの制作ストーリーやお店の舞台裏を通してブランドを確立するなどの目的で利用します。

⑨ビジネスのリードを獲得

BtoB のサービスを展開していて、メールマガジンの登録、価格の見積もり、資料請求数の向上を目的とした**情報を収集する広告**を作成できます。この広告を選択すると、広告上でビジネスに有効な情報を回答フォームを通して収集することが可能です。

⑩ウェブサイトでのコンバージョンを増やす

この広告を選択する際には、コンバージョンをうながしたい自社の Web サイトの HTML に専用のコードを追加する必要があります。この設定をすることで、**Facebook 広告を利用して何人のユーザーがコンバージョンに至ったのかを知ることができます**。コンバージョンとはたとえば、商品の購入や会員登録の完了といった Web サイ

トで得られる最終的な成果のことです。そのため、専用コードは商品購入の完了ページや会員登録の完了ページなどに追加することになります。なお、コードを追加する手順はP.204の通りです。

⑪アプリのエンゲージメントを増やす

アプリに対していろいろなアクションをしてもらいたい場合に、購入ボタンが表示された商品ページやクーポンの表示ページなど、**見てほしいアプリ内の特定のエリアにユーザーを誘導できます**。広告には、「購入する」「クーポンを入手」「ゲームをプレイ」「アプリを利用」といった4種類のボタンを掲載できるので、アプリのタイプによって使い分けていきましょう。

⑫クーポンの取得を増やす

Facebookページで「クーポン」の投稿をしている場合、その**クーポンを宣伝**できます。投稿していない場合は、広告出稿時にクーポンを設定することも可能です。店舗などで利用できる割引クーポンを告知することができます。クーポンを設定する手順はP.205の通りです。

⑬製品カタログを宣伝

オーディエンスに合わせて製品カタログを自動的に広告として表示させることができます。宣伝するすべての製品をカタログにし、それをオーディエンスの行動パターン解析したうえで配信することができます。

▲ この広告を利用するには、あらかじめカタログを作成しておく必要があります。＜スタートガイド＞をクリックすると詳細を確認できます。

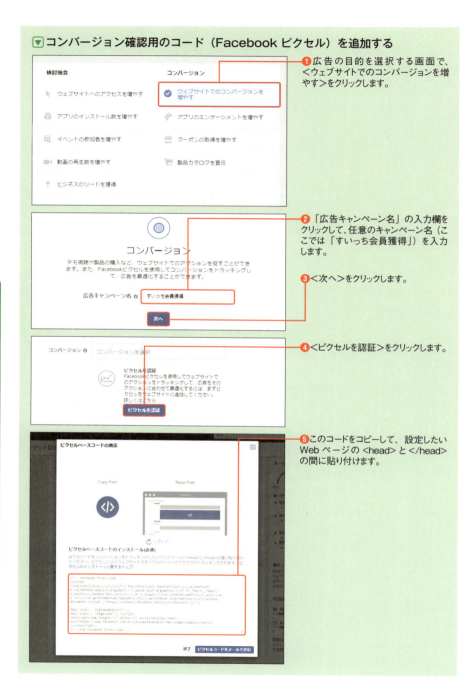

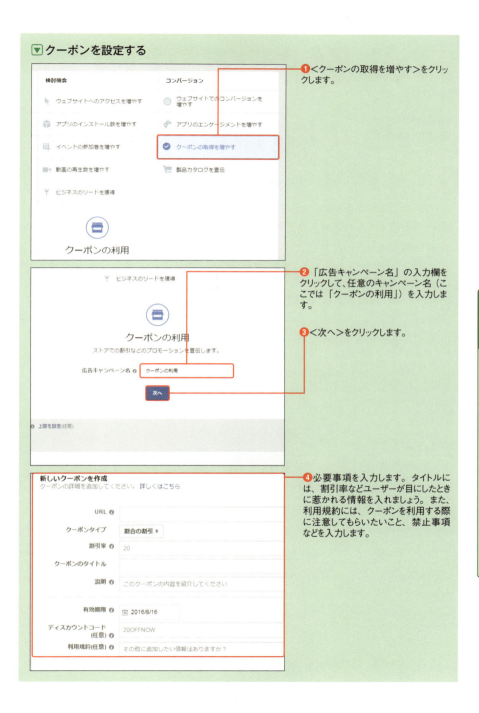

Section 076 第7章 さらなる顧客の獲得を狙う！Facebook広告の活用法

広告出稿の準備をする

Facebook広告

Facebook広告を出稿するには、事前に決めるべきことがあります。広告の種類の決定、ターゲットを明確に設定、広告素材となる画像も必要です。なお、広告費用の支払いにはクレジットカードが必要です。

出稿内容を決めておく

どのような目的でFacebook広告を利用するのかと出稿する広告の種類を決めたら、**出稿内容もあらかじめ決めておきましょう**。そして、準備に少し時間がかかってしまうのが広告素材です。

画像を用意する

Facebook広告には、すべて画像が必要になってきます。広告が成功するかどうかを決定付けるものにもなるので、画像の制作や選択は事前に行いましょう。広告の種類により適切な画像サイズが異なるので、下の表を参考に画像を準備してください。

	推奨画像サイズ
Webサイトへの誘導	1,200×628 ピクセル
コンバージョン	1,200×628 ピクセル
投稿へのエンゲージメント	1,200×900 ピクセル
ページへの「いいね！」	1,200×444 ピクセル
アプリのインストール	1,200×628 ピクセル
アプリのエンゲージメント	1,200×628 ピクセル
近隣エリアへのリーチ	1,200×628 ピクセル
イベントへの参加	1,200×444 ピクセル
クーポンの利用	1,200×628 ピクセル
動画の再生	1,200×675 ピクセル
リード獲得	1,200×628 ピクセル

Facebook for business 広告主様向けヘルプセンター
▶URL https://www.facebook.com/business/help/iphone-app/103816146375741?rdrhc

◀ Facebook広告の推奨画像サイズ一覧を確認して、画像を用意しましょう。

◉ テキストを用意する

　Facebook 広告は運用型広告といわれ、ほぼリアルタイムで広告の結果を確認し、管理画面で修正・追加などが可能です。広告に利用するテキストは、3種類くらい作成してどういうテキストが効果がよいかをチェックしていきましょう。

　作成時には、異なるアピールポイントを考え、各テキストに分けていき、どのアピールポイントが広告として効果があったのかを検証できるようにしましょう。

◉ クレジットカードを用意する

　Facebook 広告の費用は、クレジットカードか PayPal で支払います。請求書などでの支払いはできないので、**Facebook 広告の支払い用にクレジットカードを準備する必要があります。**

　また、初めて広告を出稿する際には、広告を設定していく途中で広告アカウントを作成することになります。そして、広告を出稿する直前にクレジットカードを登録する画面が表示されます。

▲ 広告を出稿する直前に、クレジットカードなどの情報入力画面が表示されます。

Section

077

第7章　さらなる顧客の獲得を狙う！Facebook広告の活用法

Facebook広告を出稿する

Facebook広告

Facebook広告を出稿する準備ができたら、実際に広告を出稿してみましょう。Facebook広告は、Facebook広告の管理画面で出稿からレポートの確認まですべてWeb上で完結するため、場所を問わず管理できます。

Facebook広告の出稿方法

❶ Facebookページの左メニュー下にある＜広告を出す＞をクリックします。

❷ 代表的なFacebook広告で「実行したいこと」が表示されます。ここでは＜すべての広告を見る＞をクリックします。

❸ ＜広告マネージャに移動＞をクリックします。

❹「広告マネージャ」が表示されます（Sec.082参照）。右上にある＜広告を作成＞をクリックします。

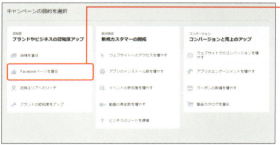

❺出稿の目的を選択します。ここでは、Facebookページへの「いいね!」を増やすために、＜Facebookページを宣伝＞をクリックします。

❻＜次へ＞をクリックして、オーディエンスを設定する画面に移動します。細かい設定項目については、次ページから解説していきます。

パワーエディタを活用しよう

「パワーエディタ」とは、Facebook広告を一括管理するツールです。多くのFacebook広告を利用するようになると、パワーエディタは非常に便利です。パワーエディタは、Webブラウザ「Google Chrome」「FireFox」「Internet Explorer」「Edge」で利用することができます。

◀ パワーエディタを開くには、「https://www.facebook.com/ads/manage/powereditor」にアクセスします。パワーエディタに移動したら、左上にある「アカウント」の▼をクリックして、アクセスするアカウントを選択します。

第7章 さらなる顧客の獲得を狙う！Facebook広告の活用法

Section 078 Facebook広告を表示するターゲットを決める

● Facebook広告

Facebook広告の最大の特徴が、広告配信先のターゲットを多岐に渡り設定することができることです。このターゲットの設定方法を把握することで、広告の目的から素材の選定方法までが変化します。

ターゲットを設定する

　Facebook広告を出稿するとき、最初に広告の配信ターゲット（配信先）を設定します。**Facebookでは、広告の配信ターゲットのことを「オーディエンス」と呼びます**。オーディエンスとして設定できる条件の幅は広く、居住地、年齢の上限と下限、性別などの属性だけでなく、**ユーザーがFacebookのプロフィールに登録している「興味・関心・行動」などの情報から絞り込むことも可能**です。

❶ Sec.077の方法で、Facebook広告の出稿を進めておきます。

❷ ＜ターゲット＞をクリックします。

❸ フォーム内に、条件となる地域名を英語で入力します。

❹ 指定したエリアだけを広告配信条件から除外するには「次を含める」の右側の▼をクリックして＜次を除外する＞をクリックします。

210

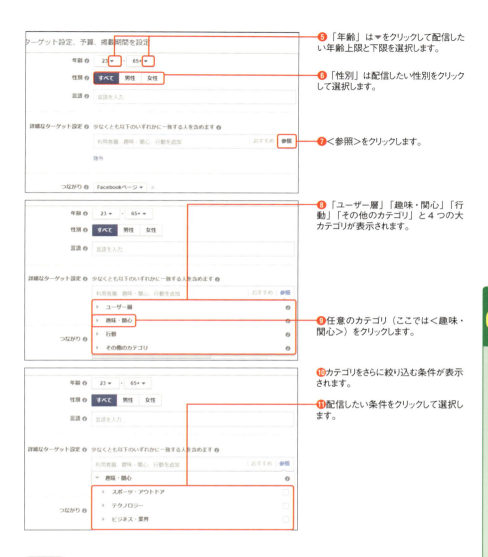

❺「年齢」は▼をクリックして配信したい年齢上限と下限を選択します。

❻「性別」は配信したい性別をクリックして選択します。

❼＜参照＞をクリックします。

❽「ユーザー層」「趣味・関心」「行動」「その他のカテゴリ」と4つの大カテゴリが表示されます。

❾任意のカテゴリ（ここでは＜趣味・関心＞）をクリックします。

❿カテゴリをさらに絞り込む条件が表示されます。

⓫配信したい条件をクリックして選択します。

キーワードを入力して条件を絞り込む

手順❼で＜参照＞をクリックせず、ターゲット設定のフォームをクリックすると、自由にキーワードを入力して条件を絞り込むことができます。カテゴリから絞り込むのではなく、任意の内容を自由に設定したい場合はキーワード入力で検索しましょう。

⑫「つながり」を設定したい場合は、▼をクリックして条件を設定します。

◀「つながり」では、Facebookページやアプリ、イベントなどとの「つながり」を条件とすることができます。たとえば、Facebookページの「いいね!」を集めることが目的の広告であれば、該当するページにすでに「いいね!」をしている、つまり「つながり」のあるユーザーは広告配信対象からは除外することができます。

　以上のような流れで広告の配信条件を設定すると、配信条件にあったユーザー数が表示されます。広告配信ターゲット数が多すぎていないか、反対に少なすぎないかを確認しましょう。

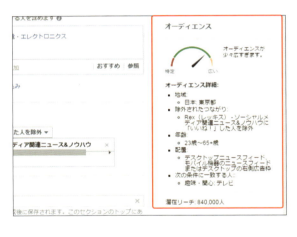

◀ 配信条件に合ったユーザー数は、画面右側にリアルタイムで確認できます。

> **MEMO　オーディエンスを保存する**
>
> 一度設定したオーディエンスは保存して、再び同じオーディエンスに広告を出稿したい場合に利用することができます。今後、どのような形で広告出稿するかわからないので、「このオーディエンスを保存」にチェックを付けてオーディエンス名を記入し、保存しておきましょう。

カスタムオーディエンスで顧客をピンポイントに狙う

　Facebook広告は、Facebook上の情報だけでなく、外部のデータなどをもとに広告配信ターゲット（オーディエンス）を設定することができます。**外部データをもとに作成したオーディエンスを「カスタムオーディエンス」といいます。**カスタムオーディエンスは、Facebook広告の管理画面か広告マネージャで設定することができます。ここでは、カスタムオーディエンスの中の「カスタマーリスト」「ウェブサイトトラフィック」を作成する方法を紹介します。

❷ 自分が情報を持っている顧客に広告を表示する

　「**カスタマーリスト**」は、自分が所有する「メールアドレスや電話番号」「Facebookユーザー ID」「モバイル広告主 ID」と、「Facebookの利用者の情報」を照合して作成されるリストです。たとえばメールマガジンを運用していて、配信先となるメールアドレスのリストがある場合は、リストのメールアドレスをFacebookに登録されているメールアドレスと照合し、合致したユーザーに対してFacebook広告を配信することができます。

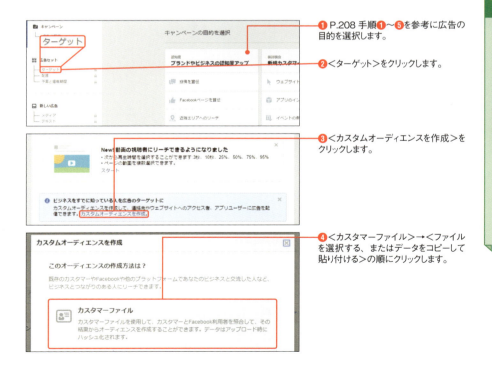

❶ P.208 手順❶〜❺を参考に広告の目的を選択します。

❷ <ターゲット>をクリックします。

❸ <カスタムオーディエンスを作成>をクリックします。

❹ <カスタマーファイル>→<ファイルを選択する、またはデータをコピーして貼り付ける>の順にクリックします。

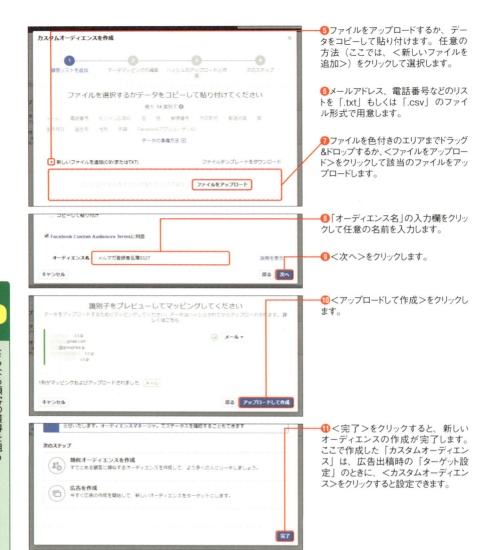

❺ファイルをアップロードするか、データをコピーして貼り付けます。任意の方法（ここでは、＜新しいファイルを追加＞）をクリックして選択します。

❻メールアドレス、電話番号などのリストを「.txt」もしくは「.csv」のファイル形式で用意します。

❼ファイルを色付きのエリアまでドラッグ&ドロップするか、＜ファイルをアップロード＞をクリックして該当のファイルをアップロードします。

❽「オーディエンス名」の入力欄をクリックして任意の名前を入力します。

❾＜次へ＞をクリックします。

❿＜アップロードして作成＞をクリックします。

⓫＜完了＞をクリックすると、新しいオーディエンスの作成が完了します。ここで作成した「カスタムオーディエンス」は、広告出稿時の「ターゲット設定」のときに、＜カスタムオーディエンス＞をクリックすると設定できます。

個人情報を Facebook に提供するわけではない

カスタマーリストを作成する際に、個人情報を Facebook に提供するような印象を受けるかもしれません。しかし、アップロードした情報は暗号化された状態で Facebook が持っている暗号化された個人情報と照合されます。そのため、決して個人情報を Facebook に提供するわけではありません。

❯Webサイトの来訪者に広告を表示する

初期設定では「自動」になっています。Facebook広告の出稿経験が少ない場合に皆さんの会社のWebサイトやキャンペーンページ、ブログなど、Facebook以外のWebサイトへの訪問者を増やす機能を「ウェブサイトトラフィック」といいます。「ウェブサイトトラフィック」を活用するには、事前に「Facebookピクセル」を作成し、データを収集したいWebサイトに「Facebookピクセル」を埋め込む必要があります。この「Facebookピクセル」が埋め込まれたWebサイトに来訪したユーザーのリストを「ウェブサイトトラフィック」として、広告のオーディエンスに選択することが可能になります。

▼ Facebookピクセルを作成する

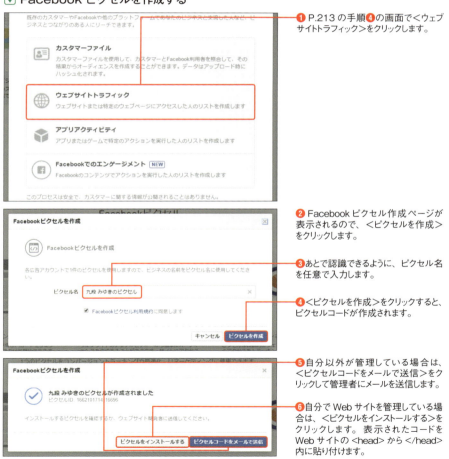

❶ P.213の手順❹の画面で＜ウェブサイトトラフィック＞をクリックします。

❷ Facebookピクセル作成ページが表示されるので、＜ピクセルを作成＞をクリックします。

❸ あとで認識できるように、ピクセル名を任意で入力します。

❹ ＜ピクセルを作成＞をクリックすると、ピクセルコードが作成されます。

❺ 自分以外が管理している場合は、＜ピクセルコードをメールで送信＞をクリックして管理者にメールを送信します。

❻ 自分でWebサイトを管理している場合は、＜ピクセルをインストールする＞をクリックします。表示されたコードをWebサイトの＜head＞から＜/head＞内に貼り付けます。

第7章 さらなる顧客の獲得を狙う！Facebook広告の活用法

Section 079 Facebook広告の金額や期間を決める

Facebook広告

Facebook広告のオーディエンスを決めたら、次はどれだけの予算をいつまで投下するのかを設定しましょう。Facebook広告は費用も期間も自由に設定できるので、いかに費用対効果を上げるかは管理者次第です。

広告の金額や期間を決める

　Facebook広告のターゲットを設定をしたら、金額と期間を設定します。予算の設定は、**1日あたりの予算を設定する方法と、指定期間内で総額の予算を設定する方法から選ぶ**ことができます。初期設定では、「1日の予算」が設定され、金額が表示されています。金額部分は自由に変更できるので、予算に合わせて金額を設定しましょう。
　広告の掲載期間も設定できますが、出稿開始後に広告の掲載を終了させたい場合に、広告マネージャですぐに広告を停止・終了することも可能です。

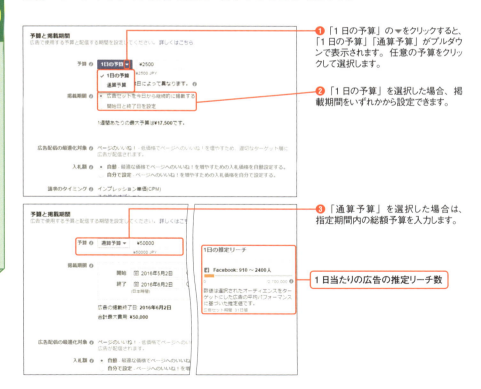

❶「1日の予算」の▼をクリックすると、「1日の予算」「通算予算」がプルダウンで表示されます。任意の予算をクリックして選択します。

❷「1日の予算」を選択した場合、掲載期間をいずれかから設定できます。

❸「通算予算」を選択した場合は、指定期間内の総額予算を入力します。

1日当たりの広告の推定リーチ数

そのほかの設定項目

広告を配信する際、費用対効果を上げるために広告を最適化するように設定することができます。

◎広告配信の最適化対象

Facebook 広告の目的に応じて、最適な広告配信ができるように調整されます。

◎入札額

初期設定では「自動」になっています。Facebook 広告の出稿経験が少ない場合は「自動」のままにしておきましょう。この設定にしておけば、**最適な価格で Facebook ページへの「いいね！」が集まるような配信を行います。**「自分で設定」を選択すると、1「いいね！」獲得単価を自由に設定することができます。

◎請求のタイミング

請求のタイミングをインプレッション（広告の配信）ごとにするか、Facebook ページへの「いいね！」などのアクションごとにするかを選択できます。初期設定ではインプレッションごとになっています。インプレッションごとの請求のほうが、目的を達成するために予算が効率的に使用されるといわれています。

◎広告スケジュール

広告スケジュールは、初期設定では、「常に広告を配信」となっており、**指定期間中、24時間、曜日に関わらず広告が配信されています。** BtoB でビジネスを行う企業であれば、土日の配信は効果が低くなると考えられ、来客型の店舗であれば平日と休日の広告の種類を変えたほうが効果が上がるといわれています。

◎配信タイプ

配信タイプは「標準」と「スピード」の2種類があります。限られた時間内にできるだけ早く配信したい場合は、「スピード」を選択しましょう。その際、「スピード」に設定するにはあらかじめ「配信タイプ」の＜その他のオプション＞をクリックして選択する必要があります。なお、初期設定では「標準」が選択されています。

第7章 さらなる顧客の獲得を狙う！Facebook広告の活用法

Section 080 Facebook広告を配置する位置を決める

Facebook広告

Facebook広告では、広告を配置する位置を選択することができます。それぞれの掲載位置の露出の仕方などを理解し、出稿の目的に合った場所に広告を配信しましょう。

3つの広告掲載位置

Facebook広告は、「**デスクトップニュースフィード**」「**モバイルニュースフィード**」「**デスクトップの右側の広告枠**」の3か所に掲載位置があります。広告を出稿する際に、任意の位置を選択できるので、目的に合わせて配置を検討しましょう。

▲「デスクトップニュースフィード」は、Facebookをパソコンで見ているユーザーのニュースフィードに表示されます。広告の目的がモバイル系サービスへの誘導や活性化を図るもの以外で利用するとよいでしょう。

▲「デスクトップの右側の広告枠」も「デスクトップニュースフィード」同様に、モバイル系のサービスに関する広告以外で利用するとよいでしょう。

◀「モバイルニュースフィード」は、Facebookをモバイル（タブレットも含む）で見ているユーザーのニュースフィードに表示されるもので、広告の目的がパソコン限定のサービスへの誘導以外で利用するとよいでしょう。

広告の掲載位置を設定する

Facebook広告を作成する途中で、**広告の掲載位置を設定することができます**。初期設定では、すべての掲載位置で配信されるように設定されているので、掲載位置を確認したうえで、掲載位置から外すかどうかの判断をしましょう。

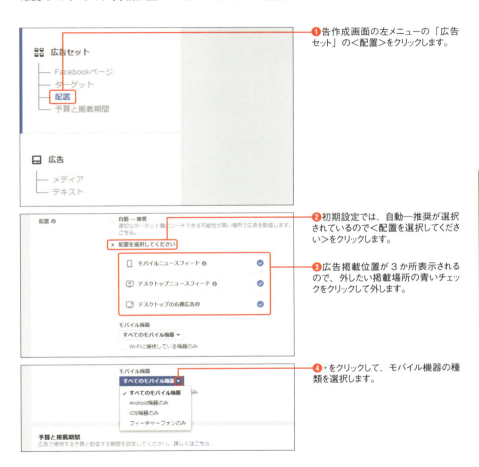

❶広告作成画面の左メニューの「広告セット」の＜配置＞をクリックします。

❷初期設定では、自動―推奨が選択されているので＜配置を選択してください＞をクリックします。

❸広告掲載位置が3か所表示されるので、外したい掲載場所の青いチェックをクリックして外します。

❹▼をクリックして、モバイル機器の種類を選択します。

> **MEMO　このほかに掲載できる場所**
>
> Facebook広告の管理画面では、Instagramの広告も同時に設定することができます。また、広告の目的によってはオーディエンスネットワークによるモバイルアプリにも同時に出稿することが可能です。

Section 081 Facebook広告

Facebook広告の画像やテキストを決める

第7章 さらなる顧客の獲得を狙う! Facebook広告の活用法

Facebook広告のオーディエンスを決め、予算・期間を定めたら最後に広告素材を設定します。Facebook広告はテキストだけでなく、写真や動画が必要になるので、事前に素材の準備をしておきましょう。

Facebook広告の素材について

　Facebook広告には、テキストに加えて画像か動画のいずれかを設定する必要があります。Facebook広告はニュースフィードに友達の近況やFacebookページの投稿と同じような形式で表示されるので、ニュースフィードの中でいかに嫌がられず、かつ目立つような素材を設定できるかが重要です。

　広告の素材としては、**画像、スライドショー（3～7枚の画像を動画のように再生）、動画の3種類から選ぶことができます**。また、広告の成果を確認しながら、随時素材の入れ替えなども可能です。

画像の設定をする場合

　Facebook広告では、同時に6枚まで画像を選択することができます。**6枚の画像を設定することで、6種類の広告を配信することになります**が、その中で効果の低い画像の広告は自動的に配信を停止します。これによって、費用対効果がよくなる可能性が高いので、可能な限り、画像は6枚を設定するようにしましょう。

> **MEMO プレビュー画面で確認しながら作業する**
>
> 選択した写真などの素材と入力したテキストは、「広告プレビュー」エリアに即時プレビュー表示されます。設定した素材がどのような形でユーザーの目に映るのか確認しながら作業しましょう。

画像を設定する

❶ <画像>をクリックします。

❷ <ライブラリを閲覧>をクリックします。

◀ <無料ストック画像>をクリックすると、海外のフォトストックサイト「SHUTTERSTOCK」に登録されている画像を選択することができます（下のMEMO参照）。

❸ すでにFacebookページ上にアップしたことのある画像から選択できます。

❹ 手順❷の画面で<さらに画像を追加>をクリックすると、パソコン内の画像から選択できます。

MEMO ストック画像を利用する

「SHUTTERSTOCK」は通常、画像の利用は有料ですが、Facebook広告に利用する限り無料で利用することができます。上部の検索フォームで検索することも可能なので、自社ではあまり撮影しないような写真をあえて選択し、効果を比較してみるとよいでしょう。

第7章 さらなる顧客の獲得を狙う！ Facebook広告の活用法

スライドショーを設定する

❶ ＜スライドショー＞→＜スライドショーを作成＞の順にクリックします。

❷ 下部の＋をクリックします。

❸ ＜画像ライブラリ＞（すでにFacebookにアップしたことのある画像）、＜画像をアップロード＞（パソコン上に保存してある画像）から最大7枚まで選択できます。

❹ ＜承認＞をクリックします。

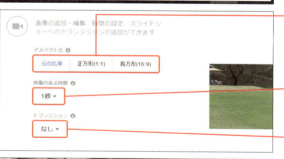

❺ アスペクト比を「元の比率」にしておくと、1枚目に選択した画像のアスペクト比でスライドショーが流れます。「正方形（1：1）」か「長方形（16：9）」も選択できます。

❻ 画像の表示時間は、スライドショーの1回あたりの時間を1〜5秒まで設定できます。

❼ トランジションは、画像の切り替わり方を選ぶことができます。

❽ プレビューを確認したら、＜スライドショーを作成＞をクリックします。

❾ スライドショー広告のサムネイルとして表示される先頭の画像を「動画サムネイル」からクリックして選択します。

動画を設定する

❶ ＜動画＞→＜動画をアップロード＞の順にクリックすると、パソコン上の画像や動画が保存されているフォルダが開きます。広告として利用したいファイルをクリックして選択し、＜開く＞をクリックします。

❷ 「動画サムネイル」に動画広告のサムネイルとして表示されるカットを選択すれば設定完了です。

広告に表示されるテキストを設定する

　Facebook広告で画像などの素材といっしょに表示するテキストを入力します。できるだけ、ユーザーの目を引く文章を作成しましょう。**広告といっしょに表示される項目は「広告の目的」によって変わる**ので、管理画面に沿ってメッセージなどを作成しましょう。

MEMO　動画の推奨スペック

アップロードできる動画は「.MOV」か「.MPS」ファイルのいずれかの形式に限られ、解像度は最低でも720p必要です。また、再生時間は最大60分までと定められていますが、あまり長時間の動画は最後まで閲覧されない可能性が高いので注意しましょう。

Section

082

Facebook広告

第7章　さらなる顧客の獲得を狙う！Facebook広告の活用法

広告の成果を確認する

Facebook広告は、内容の修正や停止をすぐに反映できます。成果が上がってない場合は広告の出稿を停止したり、素材を変えたりして、費用対効果を常に意識しながら運用していきましょう。

広告の成果を振り返り、改善する

投稿と同様に、Facebook広告も**成果を確認しながら運用すること**を心がけましょう。せっかく費用をかけて広告を出稿していても、成果が上がっていないのなら改善の余地があるはずです。なぜ成果が上がらないのかを検証し、原因を改善していきましょう。

●Facebook広告マネージャで確認できる

Facebook広告マネージャでは、新しい広告を作成したり、広告の成果を確認したり、その結果をもとに広告内容を修正したりすることができます。Facebook広告を出稿したら、必ず**1日1回は広告マネージャをチェックし、広告の成果を確認**しましょう。また、必要に応じて広告を即時停止したり、広告の内容を修正するようにしましょう。

◀ 広告マネージャを利用するには、「https://www.facebook.com/ads/manager/」にアクセスします。初回のみ、アカウント設定の画面が表示されます。

◀ すでにFacebook広告を出稿したことがある場合は、左メニューに広告マネージャというテキストのリンクが表示されます。2回目以降に広告マネージャを利用する場合はこちらをクリックしましょう。

広告マネージャのしくみを理解する

広告マネージャを利用していくうえで理解しておかないといけないのが、Facebookが考えている広告の管理方法です。**Facebook広告は、「キャンペーン」「広告セット」「広告」の3つの階層に分かれて管理されています。**

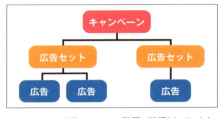

▲ Facebook広告は、3つの階層で管理されています。

▲ 広告の作成時にも、3層に分かれていました。

Facebook広告は、上記の3つの階層で管理されているので、広告内容を修正する場合は、この階層ごとに修正されることになります。たとえば、「ターゲット」を修正したい場合は、「広告セット」を修正すると、その下の階層にある「広告」のターゲットはすべて変更されます。

▼広告マネージャの項目の見方

❶配信	現在の広告配信のステータスがわかります。広告が配信されているのか、審査中なのか、配信されていないのかがわかります。					
❷結果	広告配信の目的によって、表示内容が変わります。外部のWebサイトへの誘導が目的であれば「ウェブサイトクリック数」が表示され、Facebookページへの「いいね！」獲得が目的であれば、「ページへのいいね！」が表示されます。					
❸リーチ	広告が表示された人数です。					
❹コスト	広告の目的に対してかかった各アクションに対する平均コストです。					
❺消化金額	広告マネージャで指定した期間内で使用した金額です。					
❻終了日	キャンペーンが終了する日です。					

広告マネージャで成果を確認する

まずは、広告セットの一覧を表示しましょう。

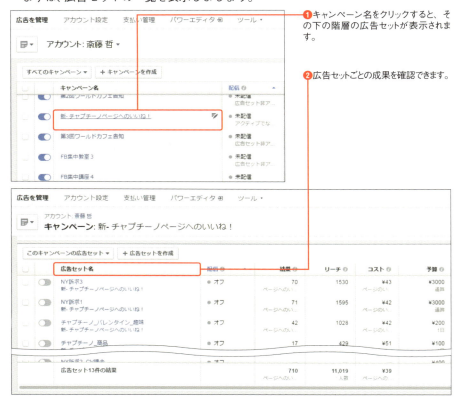

❶キャンペーン名をクリックすると、その下の階層の広告セットが表示されます。

❷広告セットごとの成果を確認できます。

ここでは、「**コスト**」と「**結果**」に注目します。上図では、一番下に「広告セット13件の結果」とあります。これは、Facebookページへの「いいね！」を獲得するというキャンペーンに対して、広告セットが13件あることを表し、その合計の結果が表示されています。Facebookページへの「いいね！」は710件獲得できていて、1「いいね！」あたりの獲得単価は平均で39円となっています。

広告出稿時には、キャンペーンに対する数値目標を立て、広告に使用できる予算も決めていると思います。目標数値に対して結果がよいかどうかを確認しましょう。その中でも、成果を上げられている「広告セット」があるかを確認し、**成果がよいものは出稿予算の配分を増やし、成果が悪いものは広告配信をストップする**などして、目標達成に向けて常に改善していきましょう。

「広告」の素材を変更する

広告に利用している画像や文字は変更できます。実際の成果を確認しながら、**最適な広告に調整していきましょう**。「広告セット」の1つ下の階層の「広告」から変更します。

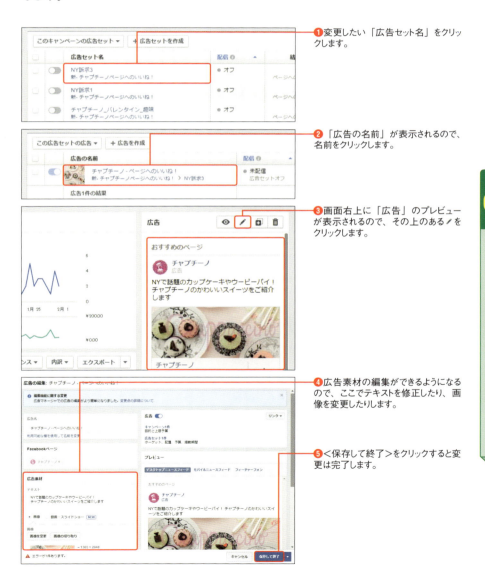

❶変更したい「広告セット名」をクリックします。

❷「広告の名前」が表示されるので、名前をクリックします。

❸画面右上に「広告」のプレビューが表示されるので、その上のある✎をクリックします。

❹広告素材の編集ができるようになるので、ここでテキストを修正したり、画像を変更したりします。

❺<保存して終了>をクリックすると変更は完了します。

「広告セット」の予算や期間を変更する

広告マネージャでは、広告のあらゆる内容を修正することが可能です。ここでは代表的な修正ポイントを紹介します。

❶「広告セット名」のエリアにマウスオーバーすると が表示されるので、クリックして、＜広告セットを編集＞をクリックします。

❷予算と掲載期間を変更することができます。

❸広告掲載のターゲットを変更することができます。

❹ 広告の掲載場所などを変更することができます。

❺ 必要な箇所を修正をしたら、＜保存して終了＞をクリックします。

柔軟に運用できるFacebook広告

Facebook広告の魅力の1つには、広告マネージャの提供があります。これにより、広告の成果を随時チェックしながら広告の素材の変更や予算の変更が可能です。費用対効果のよい広告は予算を追加したり、反対に、効果の悪い広告は出稿をストップするなどの判断ができるので、限りある予算を有効に使いましょう。また、以下の方法ですばやく予算を変更することもできます。

▼ すばやく予算を変更する

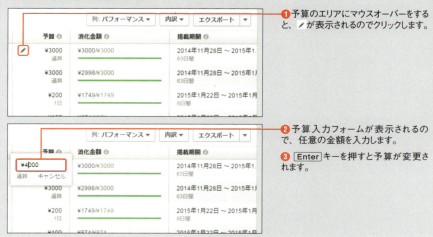

❶ 予算のエリアにマウスオーバーをすると、✎が表示されるのでクリックします。

❷ 予算入力フォームが表示されるので、任意の金額を入力します。

❸ Enterキーを押すと予算が変更されます。

第7章 さらなる顧客の獲得を狙う！Facebook広告の活用法

Section 083 カスタムオーディエンスを最大限活用する

第7章 さらなる顧客の獲得を狙う！Facebook広告の活用法

● Facebook広告

Facebook広告は、各企業が保有しているメールアドレス、電話番号、Facebook IDなどのデータや、Webサイトの来訪者情報などを分析し、広告配信先に設定することができます。

▶ 着実に売り上げを上げるために

着実に売り上げを上げるためには、Facebook広告の掲載先として、**既存顧客のメールアドレスや電話番号を照合させてオーディエンスを作成する手法「カスタムオーディエンス」を最大限に活用すること**をおすすめします。カスタムオーディエンスについては、Sec.078で解説しています。

ここでは、カスタムオーディエンスによって既存顧客を絞り込み、売り上げにつなげる活用例を紹介します。

◉ 活用例① 休眠顧客にFacebook広告を配信

休眠顧客とは、一度は購入経験があるにも関わらず、直近で購入がない顧客のことを指します。その期間については、商品の種類によっても異なりますが、仮に1年とします。

休眠顧客には、商品に不満があったわけではないけれど、購入していないという人も多いでしょう。世の中に商品があふれている中で忘れられてしまったり、きっかけがなく購入に至らないまま時間が経ってしまったような人々です。そのような顧客だとメールマガジンやDMのような、手元に届くけど目を通さないまま破棄されてしまうようなメディアよりも、**確実に繰り返し掲載されるFacebook広告のほうが有効**です。広告を目にすることで商品を思い起こさせる効果があるので、あとは購入のきっかけを作ればよいのです。

> オーディエンス：**過去1年間、購入実績がない顧客**

上記のような顧客のメールアドレスを抽出し、オーディエンスとして設定します。そして、このような顧客に向けて掲載する広告テキストを考えます。1年間購入経験がないことを踏まえ、新商品のご案内やサイトリニューアルなど、この1年間の動きを紹介しながら、割引特典のような情報をフックにして素材を作成しましょう。

❖ 活用例② Aという商品を購入した顧客にBを紹介

リピート売り上げを作っていくために、類似商品や推奨商品を顧客に紹介していくという手法があります。これは、Facebook広告でも有効な手法です。

> オーディエンス：Aという商品を購入し、Bという商品を購入していない顧客

Aという商品を購入している顧客に対しては、「好評の〜」や「大人気の〜」のようなメッセージを付けて、関連買いをしてもらいたいBという商品ページへと誘導するとよいでしょう。このようなターゲット顧客は日々増えていくと思いますが、毎日オーディエンスを作成するのは困難なので、**成果を見ながら1か月に1回程度、オーディエンスを更新するとよい**でしょう。

❖ 活用例③ 顧客になる次のストーリーを紹介

広告を1回見せただけ、サイトに1度来訪しただけで購入に結び付くということは稀な例です。通常は、興味を持った来訪者が資料請求やお問い合わせをしてきたのちに営業活動を行い、購入まで至ります。しかし、実際には資料請求をされて興味があるのかと思い、営業のアクションをしても、単なる情報収集だったため購入には結び付かないことも多いでしょう。この**営業活動の手間はFacebook広告にゆだねたほうが効率的**です。

> オーディエンス：資料請求をしてきている見込み客

資料請求をしている時点で、少なからず商品に興味は持っているはずです。特別なオファーかコンテンツを準備して、広告を見ている人に特別感を感じてもらうような広告にするとよいでしょう。たとえば、「限定」や「特別割引」などのメッセージと共にセミナーへの誘致などをして、次の営業の機会につながるような施策を考えていきましょう。

ここまで取り上げてきたのは、あくまでも一例にすぎません。重要なのは、皆さんのビジネスの中で、**今までアプローチできなかった層に対してアプローチできる可能性が非常に高くなった**ということです。メールアドレスなどのデータは持っているけど、アプローチしにくかった層を洗い出してみてください。そして、そこに、どのような広告素材でアプローチするかを考えて、広告にトライしてみましょう。

第7章 さらなる顧客の獲得を狙う！Facebook広告の活用法

Section 084　実際の顧客データから新規見込み客を絞り出す

Facebook広告

類似オーディエンスでは、カスタムオーディエンスや管理者となっているFacebookページのファンなどのデータを活用して、まったく接点のなかった新規見込み客をオーディエンスとして設定できます。

▶ 新規売り上げを作り出す類似オーディエンスとは？

「類似オーディエンス」とは、カスタムオーディエンスで設定したオーディエンスと似た特性を持つ人々のことです。たとえば、メールマガジンの読者をカスタムオーディエンスとして設定すると、メールマガジンの読者と似た特性を持つ人々を類似オーディエンスとして設定し、広告を配信することができます。すでに、皆さんの商品やサービスに興味があったり、購入していたりする人々の特性に近しい人々をオーディエンスとするため、**新たな顧客となる可能性も高い**はずです。なお、類似オーディエンスのもとになるソースは、Facebookページのファン、Facebookピクセルを埋め込んでいるページに来訪したユーザー、モバイルアプリをインストールしたユーザーなどを指定できます。

▼ 類似オーディエンスを作成する

❶ 広告マネージャを表示し、☰→＜オーディエンス＞の順にクリックします。

❷ ＜オーディエンスを作成＞をクリックします。

❸ ＜類似オーディエンスを作成＞をクリックします。

❹ 「ソース」の欄をクリックすると、すでにオーディエンスとして設定しているデータが表示されるので、任意のソースをクリックして指定します。

❺ 「国」の欄をクリックして、設定する国名を選択します。

❻ ━━ を左右にドラッグして「オーディエンスサイズ」を設定します。

❼ ＜作成＞をクリックすると、設定した類似オーディエンスが確認できます。なお、実際に広告などに利用するには、6〜24時間の設定時間を要します。

▼類似オーディエンスを広告に利用する

❶広告出稿画面の「広告セット」を表示します。

❷＜カスタムオーディエンスを選択＞をクリックします。

❸設定されている「カスタムオーディエンス」「類似オーディエンス」が表示されるので、利用したいオーディエンスをクリックして選択します。

❹類似オーディエンスが設定されました。

COLUMN

ビジネスマネージャとは？

「ビジネスマネージャ」とは、Facebookページや広告アカウントへのアクセスを管理するためのツールです。企業など、複数人でFacebookページの運営や管理を行う際に便利な機能を備えています。以前は、Facebookページの管理権限をほかの人に与える場合、Faceboookの個人アカウントで「友達」である必要がありました。しかし、**ビジネスマネージャでは、「友達」にならなくても権限を与することができる**ため、ビジネスとプライベートの切り分けが可能です。

◀ ビジネスマネージャのアカウントは、Facebookの個人アカウントを持っていれば設定できます。

▶ URL http://business.facebook.com

ビジネスマネージャでできること
1. Facebookページの管理者を確認・変更・削除
2. 広告アカウントの共有・削除
3. Facebookピクセルの管理（広告への割り当て、管理者の割り当てが可能）
4. 支払い方法の設定
5. 他者が管理しているFacebookページや広告アカウントへのアクセスのリクエスト

ビジネスマネージャは、Facebook広告の出稿までを1人、もしくは、すでにFacebookで友達になっている仲間・同僚同士で運営する場合は必要ないでしょう。しかし、運営に多くの人が関わったり、広告の運用を代理店などに依頼したりする場合などは、利用したほうが便利です。必要に応じて利用してみましょう。

第8章
Facebookページで困ったときのQ&A

Section 085　スマホでFacebookページに投稿したい!
Section 086　スマホでFacebookページを管理したい!
Section 087　誹謗・中傷に対応するには?
Section 088　「お知らせ」機能の設定をしたい!
Section 089　パスワードを忘れてしまった!
Section 090　Facebookページを削除したい!

第8章 Facebookページで困ったときのQ&A

Section 085

スマホでFacebookページに投稿したい！

Q&A

スマートフォンでFacebookページに投稿するには、Facebookページ専用アプリ「Facebookページマネージャ」をダウンロードして利用しましょう。

▶ Facebookページマネージャをダウンロードする

「**Facebookページマネージャ**」では、Facebookページに投稿するだけではなく、**Facebookページのアクティビティを確認したり、インサイトなどを見たりすることができます**。頻繁にパソコンから投稿することが難しい場合などには、Facebookページマネージャを活用して、仕事の合間などにスマホでFacebookページの管理をできるようにしましょう。

まずは、スマホに「Facebookページマネージャ」アプリをダウンロードしましょう。

▼ iPhoneの場合

▲ ＜App Store＞アプリで＜Facebookページマネージャ＞アプリを表示し、＜入手＞→＜インストール＞の順にタップしてインストールしましょう。

▼ Androidの場合

▲ ＜Playストア＞アプリで＜ページマネージャ＞アプリを表示し、＜インストール＞をタップしてインストールしましょう。

◀ アプリのダウンロード、インストールが完了すると、ホーム画面に「Facebookページマネージャ」のアイコンが表示されます。これで、スマホからFacebookページに投稿する準備は完了です。

Facebookページに投稿する

飲食店などの店舗では、**料理や商品の写真、お客様の笑顔の写真などをスマホで撮って、すぐにでもFacebookページにアップしたいもの**です。そのような場合には、スマホを使ってFacebookページに投稿しましょう。

▼投稿する

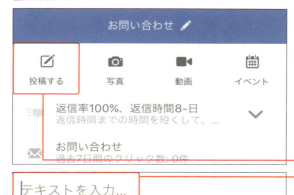

❶「Facebookページマネージャ」アプリを開きます。ログイン画面が表示された場合は、メールアドレスとパスワードを入力して＜ログイン＞をタップします。

❷初めて使用するときは「ページマネージャへようこそ」画面が表示されるので、左方向にスワイプして説明を読み＜スタート＞をタップします。

❸運営しているFacebookページのタイムラインが表示されます。

❹＜投稿する＞をタップします。

❺投稿画面が表示されるので、＜テキストを入力＞をタップして投稿したい内容を入力します。

◀ テキスト入力エリアの下部のアイコンは左から「写真」「ライブ動画」「アクティビティ」「位置情報」「投稿ステータス」の設定ができます。

❻投稿に写真を添付する場合は、をタップします。

❼カメラロールに移動するので、投稿したい写真をタップして選択します。

❽＜次へ＞→＜投稿＞の順にタップすると投稿が完了します。

Section

第8章 Facebookページで困ったときのQ&A

スマホでFacebookページを管理したい！

Q&A

Facebookページマネージャを使うと、スマホから投稿投稿するだけではなくFacebookページの運営全般に関わる管理が可能になります。隙間時間などを有効的に活用することができます。

Facebookページマネージャでできること

Facebookページマネージャを使うと、**Facebookページ運営に関わる多くのことがスマホ上でできるようになります**。画面下部のボタンから、表示を切り替えられます。

◎分析

Facebookページの投稿にどのような傾向があるかをチェックできます。どういう属性のファンが多くて、どのくらいファンが増えているのかといった情報や、投稿のリーチや、投稿のエンゲージメント（いいね！やコメント、シェアなどの回数）などの、**過去7日間の数値**がわかります。その前の7日間と比べての変化が下の画面のように表示されるので、現状、右肩上がりなのか下がっているのかを把握することができます。毎日、運営しているページなので、**常にファンの反応をチェックできるようにしておきましょう**。

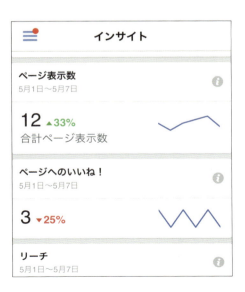

◀「インサイト」画面では、ファンからの反応を確認できます。

◎常にファンを意識する

　Facebookページマネージャを使うと、**「受信箱」**でファンから届いたメッセージを確認して、すぐに返信することが可能です。メッセージを送ってくれるファンは、商品やサービスについて質問があるなど、購入に向けて興味が非常に高まっているファンの可能性が高いと推測できます。そのような**ファンからのメッセージには、できるだけ早く返信するようにしましょう**。

◀ ファンからのメッセージは、「受信箱」画面で確認できます。

　また、**「お知らせ」では、ファンのアクティビティが確認できます**。ページのファンが増えたり、投稿に反応があった場合は、すぐに確認することができます。常にファンを意識しながら運営をしていきましょう。

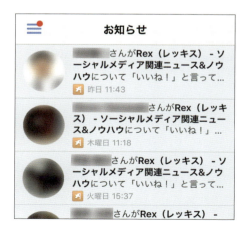

◀「お知らせ」画面には、ファンからの「いいね!」などのアクティビティが表示されます。

Section 087 Q&A

第8章 Facebookページで困ったときのQ&A

誹謗・中傷に対応するには？

Facebookは原則、実名登録のため、誹謗・中傷がほかのSNSなどと比較しても非常に少ないメディアです。ただ、いわれなき1件の誹謗・中傷がトラブルを招く可能性もあるので、万全の対策はしておきましょう。

ユーザーをブロックする

　Facebookページを運営していると、さまざまな人々がファンになってくれます。従来のお客様、競合商品を利用している人が多いかもしれませんが、あるいは以前、皆さんの商品を使用して苦い経験をした人もいるかもしれません。そのような人からのコメントをすべて受け入れないようにするのは問題だと思いますが、事実誤認によるものや、あまりにも感情的になったコメントが続くようでは、ほかのファンにも不快な気持ちにさせてしまう可能性もあります。**ほかのファンに迷惑をかける行為をするユーザーはブロックをする**ことができます。

▼ファンをブロックする

❶＜設定＞をクリックします。

❷＜人物と他のページ＞をクリックします。

240

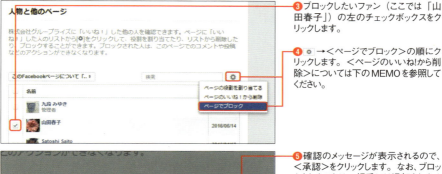

❸ ブロックしたいファン(ここでは「山田春子」)の左のチェックボックスをクリックします。

❹ ✱ →<ページでブロック>の順にクリックします。<ページのいいね!から削除>については下のMEMOを参照してください。

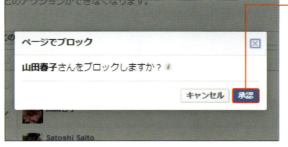

❺ 確認のメッセージが表示されるので、<承認>をクリックします。なお、ブロックされたことは、相手には通知されません。

ブロックしたユーザーを確認する

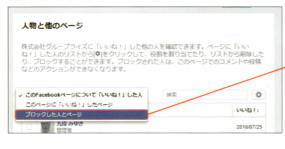

❶ 手順❸の画面を表示して、『このFacebook ページについて「いいね!」した人』の右の ✱ をクリックします。

❷ <ブロックした人とページ>をクリックすると、ブロックしたユーザーの一覧が表示されます。

MEMO ブロックと、「いいね!」から削除の違い

ファンをブロックした場合は、皆さん Facebook ページのコンテンツをシェアすることはできますが、Facebook ページに投稿したり、投稿に対して「いいね!」やコメントをすることはできなくなります。皆さんの Facebook ページにスパム投稿などをするファンはブロックするとよいでしょう。
Facebook ページの「いいね!」から削除した場合は、皆さんの Facebook ページに対する「いいね!」が解除されます。つまり、Facebook ページの投稿に対するアクションが、そのファンのニュースフィードに表示されなくなります。ただし、Facebook ページはオープンな場であるため、削除したファンは皆さんの Facebook ページについて再度「いいね!」をすることは可能です。

Section 088 Q&A

第8章 Facebook ページで困ったときの Q&A

「お知らせ」機能の設定をしたい!

Facebookページには、ファンからのアクティビティに対して「お知らせ」をする機能があります。新着情報を確認できる便利な機能ですが、通知メールがたくさん届くとわずらわしいことがあります。

▶「お知らせ」機能とは？

　Facebook ページには、「お知らせ」という機能があります。これは、ファンからのアクティビティがあったときに、Facebook 上、もしくはメールなどでアクティビティがあったことを知らせてくれる機能です。

　ほとんどの Facebook ページ運営者は、さまざまな業務がある中で Facebook ページの投稿を考えたり、広告を運用するなどの作業をしていることでしょう。そういった場合、**Facebook ページを開いていない状態でもファンからのアクティビティをすばやく知ることができれば、すぐに対応することが可能になります。**

◀ Facebook 上で「お知らせ」に該当するアクティビティがあった場合は、上部の🌐に、「お知らせ」の件数が表示されます。ただし、この「お知らせ」には Facebook ページの「お知らせ」だけでなく、個人のつながりによる「お知らせ」も掲載されます。

◀ Facebook ページのカバー画像の上部にも「お知らせ」があります。ここをクリックすると、Facebook ページに対する過去のお知らせが一覧表示されます。

「お知らせ」機能の設定を変更する

「お知らせ」はファンのアクティビティがすぐに把握できるので、便利である反面、あらゆるアクティビティに対して「お知らせ」が届いてしまうと、情報の多さに重要なアクティビティが埋もれてしまう可能性があります。見逃しを避けたい重要なアクティビティ以外は、受け取らないように設定しましょう。

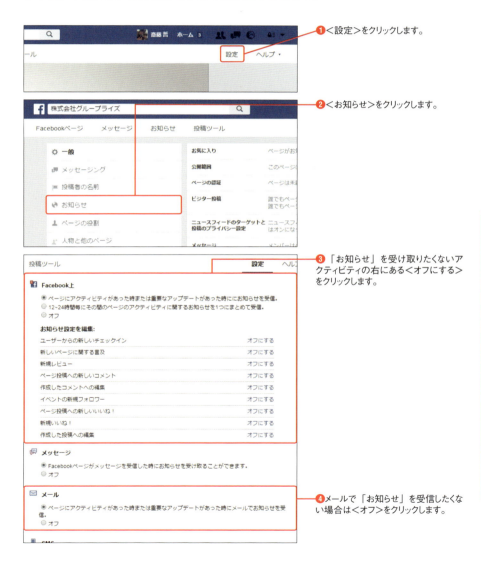

❶＜設定＞をクリックします。

❷＜お知らせ＞をクリックします。

❸「お知らせ」を受け取りたくないアクティビティの右にある＜オフにする＞をクリックします。

❹メールで「お知らせ」を受信したくない場合は＜オフ＞をクリックします。

第 8 章　Facebook ページで困ったときの Q&A

Section 089

Q&A

パスワードを忘れてしまった！

Facebookのパスワードを忘れると、管理者ページにログインすることができなくなります。パスワードがわからない場合は、Facebookのログイン画面からパスワードの再設定しましょう。

パスワードを再発行する

　Facebook のパスワードを忘れてしまったときは、**新しいパスワードを再設定します**。なお、以前設定していたパスワードを再通知することはできないので注意が必要です。

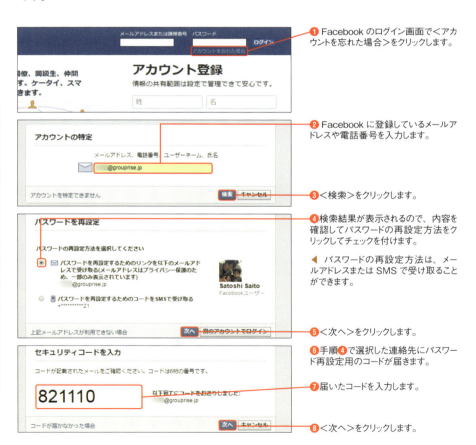

❶ Facebook のログイン画面で＜アカウントを忘れた場合＞をクリックします。

❷ Facebook に登録しているメールアドレスや電話番号を入力します。

❸ ＜検索＞をクリックします。

❹ 検索結果が表示されるので、内容を確認してパスワードの再設定方法をクリックしてチェックを付けます。

◀ パスワードの再設定方法は、メールアドレスまたは SMS で受け取ることができます。

❺ ＜次へ＞をクリックします。

❻ 手順❹で選択した連絡先にパスワード再設定用のコードが届きます。

❼ 届いたコードを入力します。

❽ ＜次へ＞をクリックします。

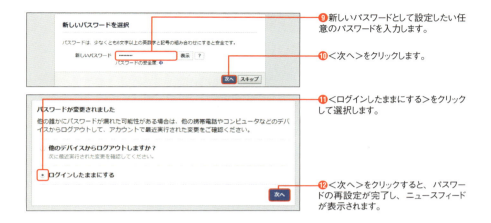

パスワードを変更する

Facebookにログインしている状態でパスワードを変更したい場合は、Facebookの設定画面で新しいパスワードを設定します。

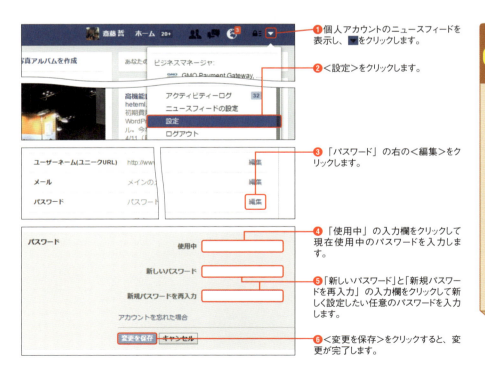

Section 090 Q&A

第8章 Facebookページで困ったときのQ&A

Facebookページを削除したい!

Facebookページは、管理画面から削除できます。一度削除してしまうともとに戻すことができないので、よく検討したうえで削除するかどうかを慎重に判断しましょう。

▶ Facebookページを削除する

　Facebookページを削除するというのは、非常に大きな判断です。これまで集まってくれたファンと疎遠になってしまうだけでなく、Facebookページに投稿した内容もすべて消えてしまいます。店舗が閉鎖されたり、商品の製造が廃止してしまったりするなどの理由であれば止むを得ませんが、そうでない場合は、集まってくれたファンのことを考え、**削除ではなく非公開に留めるなど、慎重に判断しましょう**。

▼ Facebookページを削除する

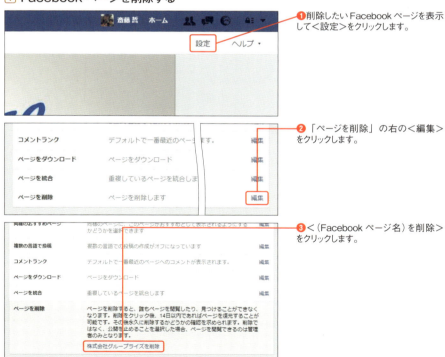

❶削除したいFacebookページを表示して＜設定＞をクリックします。

❷「ページを削除」の右の＜編集＞をクリックします。

❸＜（Facebookページ名）を削除＞をクリックします。

❹削除の待機中にFacebookページを非公開にする場合は、「このページを非公開にする」のチェックボックスをクリックしてチェックを付けます。

❺＜ページを削除＞をクリックします。

❻＜OK＞をクリックすると、削除の申請が完了します。

▼ Facebookページの削除をキャンセルする

❶削除申請をしたFacebookページを表示します。

❷＜削除をキャンセル＞をクリックします。

❸確認のメッセージが表示されるので、＜確認＞をクリックし、次の画面で＜OK＞をクリックします。

すぐには削除されない

左ページ手順❸の画面にあるように、Facebookページはすぐに削除されません。削除の操作を行うとFacebookページの削除を申請した形となり、最終的に削除するかどうかは、14日後に判断することになります。

用語集

Facebookページを運営していると、Facebookやマーケティングに関するさまざまな用語が登場します。ここでは、Facebookページに関連する、おさえておきたい用語を紹介します。

用語	説明
アルファベット	
Always On	Facebook社が提言している、今後のマーケティングに必要な考え方を「Always On」といいます。ファンである消費者に忘れられてしまわないためには、企業は常にファンとの接点を持ち続ける必要があるということです。
ECサイト	ECサイトとは、インターネット上で商品を販売するWebサイトのことです。オンラインショップともいいます。
Facebook	2004年にアメリカで誕生した世界最大規模のSNSです。原則、実名登録制のため、現実的な友人関係のつながりができやすくなっているのが特徴です。「個人のアカウント」と「企業アカウント（Facebookページ）」の2種類のアカウントがあります。
Facebook navi	Facebook navi（http://f-navigation.jp/）とは、日本国内で唯一Facebookに公認されているFacebookのナビサイトです。
Facebook広告	Facebookに登録しているユーザーのニュースフィードなどに表示させる広告のことです。Facebookページの宣伝を目的に使用されることが多いです。
Facebookピクセル	Facebookピクセルとは、広告キャンペーンのターゲット層の測定、最適化、構築を可能にする、Webサイト用コードのことです。
Facebookページ	ビジネス利用に最適化された、Facebookの企業用アカウントページです。企業やお店などが自社をアピールしながら、ファンと交流することを目的として運営します。
Facebookページマネージャ	Facebookページを管理するためのスマートフォン向けアプリです。
Facebookページ利用規約	Facebookページを利用するにあたり、順守しなくてはいけない規約が定められています。「https://www.facebook.com/page_guidelines.php」で確認できるので、必ず目を通しておくようにしましょう。
KGI	KGI（Key Goal Indicator）とは、「重要目標達成指数」のことです。何を目標・成果にするかという経営目標のことをいいます。
KPI	KPI（Key Performance Indicator）とは、「重要業績評価指標」のことで、目標達成のための参考指数のことをいいます。
OGP	OGP（Open Graph Protocol）とは、FacebookなどのSNSで採用されている仕様のことで、OGPのタグをWebページやブログ内に記載すると、「いいね！」やシェアをされた際に指定した内容をニュースフィードに表示させることができます。

用語	説明
アルファベット	
PayPal	PayPal（ペイパル）とは、米国では有名な決済サービスのことです。クレジットカード情報を PayPal に登録すると、売り手に対してクレジットカード情報を一切知らせることなく決済が行えます。
SNS	SNS（Social Networking Service）とは、社会的なつながりを作り出せるサービスのことで、近状報告をしたり、写真や動画を投稿してコメントをし合ったりすることができます。
あ行	
アーカイブ	重要なデータを保管することです。Facebook ページでは、メッセージを「アーカイブ」フォルダに保管しておくことができます。
アプローチ	目標や対象に近づくことです。
アクティブユーザー	SNS などの会員登録が必要なサービスにおいて、ある期間内に 1 回以上、サービスを利用したユーザーのことです。
アルバム	1 つのテーマにまとめられた複数枚の写真のことです。
いいね！	Facebook などの SNS では、投稿に対する反応として「いいね！」という言葉が使われます。Facebook の投稿には「いいね！」ボタンが設置されています。
インサイト	インサイトとは、Facebook ページの運営状況を確認できる機能のことです。投稿に対する反応の詳細、ファン数の増加数など、期間を設定して確認することができます。
インプレッション	Facebook ページや投稿などのコンテンツが表示された数のことです。
エッジランク	ニュースフィードに表示される投稿の優先度をコントロールするアルゴリズムをエッジランクといいます。
エンゲージメント率	投稿を見られた数に対して、ユーザーが「いいね！」をしたり、シェアやコメントをするなどのアクションを行った割合のことです。
オーディエンス	広告の配信ターゲットのことを「オーディエンス」といいます。オーディエンスの高度な設定には、カスタムオーディエンス、類似オーディエンスなどがあります。
お気に入り	ニュースフィードの左側にあるスペースのことです。作成した Facebook ページは、お気に入りに追加することができます。お気に入りに追加すると、Facebook を利用している際に、画面左側の「お気に入り」からすぐにページを開くことができます。
お知らせ	Facebook ページには、ファンからのアクションを通知する「お知らせ」機能があります。お知らせはメールなどで受け取ることができます。
重み（Weight）	Facebook ページでは、各投稿に対して、ユーザーからの反応度を数値にしており、それを「重み」といいます。各投稿へのアクションが多いほど、その重みの数値は高くなります。

用語	説明
か行	
ガイドライン	Facebookページの「ユーザーネーム」や「Facebook広告」の設定などを行う際、Facebookでは禁止事項などをまとめたガイドラインを用意しています（Facebookページ利用規約など）。ガイドラインに違反すると、アカウント停止処分などの対象になるので注意が必要です。
拡散	情報や投稿などが広がっていくことを「拡散」といいます。
カバー写真	Facebook上部に表示させる写真のことです。
管理人の役割	Facebookページを管理する人の役割は「管理者、編集者、モデレータ、広告管理者、アナリスト」の5種類があります。各役割によって、できることが異なります。なお、役割の割り当てと変更は管理者のみ行うことができます。
企業アカウント	企業が利用するFacebookのアカウント、つまりFacebookページのことです。
広告マネージャ	Facebook広告の管理画面のことで、新しい広告を作成したり、広告の成果を確認・修正したりできます。
個人のアカウント	個人ユーザーが利用するFacebookのアカウントのことです。
さ行	
シェア	投稿などの情報に任意でコメントを付けてFacebook上で公開することを「シェアをする」といいます。友達など、多くの人に広めたい情報があるときに使用します。
すきま時間	待ち時間や移動時間など、ちょっとした物事に取り込める短時間のことです。
疎遠になったファン	投稿に反応しなくなってしまったファンのことです。
た行	
ターゲット	標的のことで、性別、年齢、居住地、興味・関心事など、さまざまな観点から対象となる層を絞り込んで定めます。
大事な出来事	設定しておくと、タイムライン上に会社の歴史などを「大事な出来事」として表示させることができます。
タイムライン	タイムラインとは、ユーザーがFacebookに投稿した内容や、ユーザーがタグ付けされた投稿が日付順に表示される場所です。
チェックイン	投稿を行う際などに、現在地の位置情報を追加することです。
投稿	近況情報、写真、動画などを公開することを「投稿」といいます。

用語	説明
な行	
ニュースフィード	Facebookの「友達」や企業アカウント（Facebookページ）が投稿した情報が表示される場所です。
ネガティブフィードバック	投稿を非表示、フォローをやめる、投稿を報告などのネガティブな反応のことです。
ノート	一定以上の長い文章や画像をブログのように投稿する場合に使用する機能です。
は行	
ハイライト表示	より親しい友達や興味度の強い投稿を優先的に表示させる、ニュースフィードの表示形式のことです。投稿を時系列順に並べる「最新情報表示」もありますが、初期設定ではハイライト表示になっているため、多くのユーザーはハイライト表示でニュースフィードを閲覧していると考えられます。
非公開	非公開とは、ページが一般ユーザーから見えない状態にする設定のことです。管理者のみ閲覧可能で、データを削除するわけではないので、かんたんに公開に切り替えることもできます。
ビジネスマネージャ	Facebookページや広告アカウントへのアクセスを管理するためのツールです。複数人で管理を行う場合に便利な機能を備えています。
否定的な意見	ユーザーがFacebookページの投稿を非表示にしたり、ページへの「いいね！」を取り消したり、スパムとして報告したりするなどの否定的な反応を「否定的な意見」といいます。ネガティブフィードバックともいいます。
ファン	Facebookページに対して「いいね！」を押したユーザーのことを「ファン」といいます。
ブロック	ユーザーから投稿やコメントをできなくすることを「ブロックする」といいます。不適切な内容を投稿し続けるユーザーが現れた場合に、もっとも効果的な対処法です。
や行	
ユニークユーザー	ユニークユーザーとは、ある期間内に同じWebサイトを訪問したユーザー数のことです。Facebookページのインサイトでは、1人のユーザーが複数回投稿をクリックするなどのアクションを行った場合でも、「1人」としてカウントしています。
リアクション	「いいね！」やシェアなど、投稿に対して反応を示すことをいいます。
リーチ	Facebookページや投稿などのコンテンツを閲覧した人数のことです。その中でも、ニュースフィードまたはFacebookページで投稿を閲覧した場合は「オーガニック」のリーチ、Facebook広告を経由して投稿を閲覧した場合は「有料」のリーチとして区別されます。

索引

A〜Z

Always On ……………………… 20
Android ……………………… 236
everevo（イベレボ）…………… 160
Facebook ……………………… 14
Facebook navi ………………… 22
Facebook広告 ………………… 196
Facebook広告の掲載位置 ……… 218
Facebook広告の出稿方法 ……… 208
Facebook広告の種類 …………… 200
Facebook広告の素材 …………… 220
Facebook広告マネージャ ……… 224
Facebookの利用規約 …………… 28
Facebookピクセル ………… 204, 215
Facebookページ ………………… 14
Facebookページの名前 ………… 34
Facebookページマネージャ …… 236
Facebookページ利用規約 ……… 34
Facebookページを削除 ………… 246
Facebookページを作成 ……… 30, 36
Facebookページを宣伝 …… 108, 201
iPhone ………………………… 236
KGI ……………………………… 24
KPI ……………………………… 24
OGP …………………………… 152
Peatix（ピーティックス）……… 160
SNS ……………………………… 18
URL ……………………………… 46
Webページの説明を編集 ……… 84
Webページを投稿 ……………… 82

YouTube ………………………… 81

あ

アーカイブ ……………………… 89
アプローチ ……………………… 194
アルバムの表示順 ………………… 76
アルバムを作成 …………………… 75
「いいね！」以外のリアクション …… 173
「いいね！」が付いた要因 ……… 190
「いいね！」画面 ………………… 176
「いいね！」から削除 …………… 241
「いいね！」ボタン ……………… 148
「いいね！」ボタンの種類 ……… 150
位置情報 ……………………… 71, 79
イベント ………………………… 154
イベントを告知 ………………… 158
イベントを作成 ………………… 156
インサイト ……………………… 164
印象的な写真 …………………… 130
インプレッション ……………… 170
ウェブサイトトラフィック …… 215
運営時間 ………………………… 129
エッジランク ……………… 121, 124
閲覧の制限 ……………………… 127
エンゲージメント率 …………… 166
オーディエンスの設定 ………… 210
オーディエンスを保存 ………… 212
お気に入りに追加 ………………… 38
「お知らせ」機能の設定 ………… 242
重み（Weight）………………… 122

INDEX

か

拡散	110
カスタマージャーニー	114
カスタマーリスト	213
カスタムオーディエンス	213, 230
画像を設定（広告）	221
画像を投稿	72
画像を用意	206
カテゴリー	36
カバー写真	60
画面の見方	40
感情を揺さぶる写真	134
管理者画面へのリンク	41
管理人の権限を変更	54
管理人を削除	55
管理人を追加	52
企業アカウント	14
季節感	138
基本データ	44
キャンペーン	225
競合ページを登録	185
クーポンを設定	205
クレジットカード	207
経過時間（Time）	122
広告出稿の準備	206
広告セット	225, 228
広告内容を修正	228
広告の配信ターゲット（配信先）	210
広告の目的	198
購入をうながす投稿	117
コールトゥーアクション	64
個人アカウントと連携	146
個人アカウントを作成	32
個人のアカウント	14
個別の投稿のデータ	172
コメントに返信	86
コメントを削除	87
コメントを非表示	87
コメントを編集	87
今週の運営状況	41

さ

撮影テクニック	132
シェア	142, 146
「シェア」のしくみ	142
写真アルバム	74
写真カルーセル	85
写真の存在	124
写真の表示順	76, 136
写真を投稿	72
住所の登録	50
状況に合わせた投稿	141
「招待」する	158
情報発信	94
情報量	18
新規売り上げ	198
親近感	119, 134
親密度（Affinity Score）	121
推奨画像サイズ（広告）	206
すきま時間	140
ステータスを投稿	70

索引

ストック画像を利用	221
スポットを作成	79
スポット（地図）を追加	50
スマートフォンで投稿	236
スマートフォンユーザーを意識	140
スライドショー	74
スライドショーの設定（広告）	222
接点を持ち続ける	20
設立日	66
疎遠になったファン	194
測定期間を設定	177

た

ターゲット	58
ターゲット設定	127
ターゲットの絞り込み	69
大事な出来事	66
タイムライン	41
タグ付け	78
チェックイン	69
データをエクスポート	175
テキストを用意	207
デスクトップニュースフィード	218
デスクトップの右側の広告枠	218
動画形式	81
動画データ	175
動画の推奨スペック	223
動画の設定（広告）	223
動画を投稿	80
「投稿」画面	168
投稿機能	68
投稿時間	125
投稿写真のサイズ	73
投稿スケジュール	139
投稿タイミング	184
投稿内容	190
投稿のエンゲージメント	171
投稿の結果を検証	162
投稿の結果を比較	192
投稿の「種類」	182
投稿のデータ	168, 172, 175
投稿の「狙い」	114, 188
投稿の分析	183
投稿の目的	116, 118
投稿のリーチ	143, 170
投稿方針	124
投稿を検証	193
投稿を制限	56
投稿を宣伝	200
投稿を「狙い」ごとに区別して分析	188
投稿を非表示	123
投稿を報告	123
特定の属性のファン	126
ドメインインサイト	151
友達間のエッジランク	122

な

中の人	138
ニーズ	20, 118
ニュースフィード	17
入力項目	45
ネガティブフィードバック	123, 186

INDEX

ネガティブフィードバックの原因 …… 186
ノートを投稿 …………………………… 92

は

「ハイライト」表示 ……………………… 121
パスワード ……………………………… 244
反応 ……………………………………… 163
ビジネスマネージャ …………………… 234
否定的な意見 …………………………… 174
「否定的な意見」を確認 ……………… 187
誹謗・中傷に対応 ……………………… 240
ファンがオンラインの時間帯 … 125, 169
ファンになる …………………………… 15
フォローをやめる ……………………… 123
複数の写真を投稿 ……………………… 74
不適切な言葉 …………………………… 57
プライバシー設定 ……………………… 127
フラグ …………………………………… 89
ブログ記事をFacebookページでシェア … 144
ブロック …………………………… 57, 240
プロフィール写真 ……………………… 62
プロフィール写真のサイズ …………… 37
分析画面の見方 ………………………… 165
分析の目的 ……………………………… 162
ページデータ …………………………… 175
「ページビュー」画面 ………………… 179

ま

マーケティング活動 …………………… 15
マーケティング上の課題 ……………… 22
名称変更 ………………………………… 35

メッセージに返信 ……………………… 88
メッセージを管理 ……………………… 89
目的を明確にする ……………………… 23
モバイルニュースフィード …………… 218

や

ユーザーネーム（URL） …………… 31, 46
優先オーディエンス …………………… 59
予算を設定 ……………………………… 216
予約投稿 ………………………………… 90

ら・わ

リーチ …………………………………… 170
「リーチ」画面 ………………………… 178
リピート売り上げ ……………………… 199
利用規約の禁止事項 …………………… 34
「利用者」画面 ………………………… 180
類似オーディエンス …………………… 232
忘れられない存在 ……………………… 116

お問い合わせについて

本書に関するご質問については、本書に記載されている内容に関するもののみとさせていただきます。本書の内容と関係のないご質問につきましては、一切お答えできませんので、あらかじめご了承ください。また、電話でのご質問は受け付けておりませんので、必ずFAXか書面にて下記までお送りください。
なお、ご質問の際には、必ず以下の項目を明記していただきますよう、お願いいたします。

① お名前
② 返信先の住所またはFAX番号
③ 書名（今すぐ使えるかんたんEx　Facebookページ　本気で稼げる！プロ技セレクション）
④ 本書の該当ページ
⑤ ご使用のOSとソフトウェアのバージョン
⑥ ご質問内容

なお、お送りいただいたご質問には、できる限り迅速にお答えできるよう努力いたしておりますが、場合によってはお答えするまでに時間がかかることがあります。また、回答の期日をご指定なさっても、ご希望にお応えできるとは限りません。あらかじめご了承くださいますよう、お願いいたします。

問い合わせ先

〒162-0846
東京都新宿区市谷左内町21-13
株式会社技術評論社　書籍編集部
「今すぐ使えるかんたんEx　Facebookページ 本気で稼げる！プロ技セレクション」質問係
FAX番号　03-3513-6167　URL：http://book.gihyo.jp

お問い合わせの例

FAX

① お名前
技術　太郎
② 返信先の住所またはFAX番号
03-××××-××××
③ 書名
今すぐ使えるかんたんEx Facebookページ 本気で稼げる！プロ技セレクション
④ 本書の該当ページ
79ページ
⑤ ご使用のOSとソフトウェアのバージョン
Windows 10
⑥ ご質問内容
手順2の操作ができない

※ご質問の際に記載いただきました個人情報は、回答後速やかに破棄させていただきます。

今すぐ使えるかんたんEx
Facebookページ 本気で稼げる！ プロ技セレクション

2016年10月10日　初版　第1刷発行

著者	斎藤　哲（株式会社グループライズ）
発行者	片岡　巌
発行所	株式会社 技術評論社
	東京都新宿区市谷左内町21-13
	電話　03-3513-6150　販売促進部
	03-3513-6160　書籍編集部
装丁デザイン	菊池　祐（ライラック）
本文デザイン	リンクアップ
編集／DTP	リンクアップ
担当	石井　亮輔
製本／印刷	日経印刷株式会社

定価はカバーに表示してあります。

落丁・乱丁がございましたら、弊社販売促進部までお送りください。交換いたします。
本書の一部または全部を著作権法の定める範囲を超え、無断で複写、複製、転載、テープ化、ファイルに落とすことを禁じます。

© 2016 株式会社グループライズ

ISBN978-4-7741-8352-7 C3055

Printed in Japan